光 化 学
―基礎と応用―
村田 滋 著

東京化学同人

まえがき

　本書は，おもに教養課程の大学生のための，光化学の入門書である．また，自然科学系諸学部の大学生が，分子構造論を復習しながら光化学の基礎と応用を学ぶ際の教科書，あるいは参考書としても適切なものと思う．本書の目的は，光と物質が関わる身のまわりの現象や技術のしくみを，読者に原子・分子の視点から正しく理解してもらうことにある．物質による光の吸収や発光のしくみを理解するには，量子論や分子構造論に基づく光量子や分子軌道の概念を避けて通ることはできない．本書では，それらになじみのない読者のために，第2章と第3章を使って，基本的な考え方をできるだけ平易に解説した．第4章と第5章には"光化学"とよばれる学問領域の基礎となる事項をまとめ，第6章以降では光化学が関わる身近な現象や技術について，そのしくみを解説した．

　私たちの身のまわりには，光と物質が関わる現象があふれている．緑色植物の光合成も，私たちの視覚や日焼けも，身のまわりのさまざまな色も，光と物質との関わりによるものである．一方で，光を用いる化学反応は，コンピューターのメモリーや合成樹脂の製造，あるいは環境浄化に利用され，また昨今では，再生可能エネルギー利用の観点から太陽電池への関心が一段と高まっている．こうした身近な現象や技術のしくみを知りたいと思う人は少なくないであろうが，今のところ，それに応える適切な書物はあまりないように思う．これは，光化学という学問分野が，どちらかといえば化学の基礎ではなく専門・応用の領域に属するがゆえに，光化学に関する書物を読みこなすには，量子化学や無機，有機化学に関するある程度の知識を必要とするためであろう．私は常々，化学を専門としない技術者や，これから専門を決める自然科学系の学生諸君にも，たとえば光合成や太陽電池のしくみが，原子・分子の視点からきちんと説明できることを知ってほしいと思っていた．本書を著した動機も，まさにそこにある．

　これからの時代を担う若い人たちにとって，光と物質の関わりに関する知識が必須であると考えるのは，私だけではない．平成24年度から実施さ

れている高等学校学習指導要領では，"化学反応に伴って光の発生や吸収が起こること"が新たな学習内容として加えられた．それを受けて，高等学校の化学の教科書にも，光合成や化学発光が記載されることになった．電子のふるまいについて深くは学ばない高等学校の生徒には，そのしくみの本質を理解することは難しいだろうが，光と物質の関わりについて，化学の視点から興味をもつ生徒が増えてくることは間違いないだろう．彼らを指導する高等学校の先生方，あるいは余力のある生徒諸君には，ぜひ，本書を手にとって，少しでも理解を深めていただきたい．本書は，そうした生徒諸君が，大学で本格的な化学を学ぶための，さらには専門的な光化学を学ぶための足がかりとなるであろう．

　私たち人類の将来における繁栄は，太陽光エネルギーを私たちが利用できるエネルギーに変換する技術を開発できるかどうかにかかっている．そのためにも，これからの時代を担う若い人たちが，光と物質の関わりに興味をもち，この分野の研究・開発にどんどん加わってほしい．私の願いは，このことに尽きる．

　本書の出版にあたり，私の研究室の助教である滝沢進也博士には，研究と教育で多忙の中，原稿の査読をお願いし，多くの貴重な意見をいただいた．また，大学院博士課程の生田直也君は，スペクトルの測定などで本書の完成に協力してくれた．厚くお礼を申し上げたい．また，東京化学同人の高林ふじ子さんには，本書の企画から完成に至るまで大変お世話になった．心より感謝の意を表したい．

　2013 年 2 月

村　田　　　滋

目 次

1. 光と私たち … 1
1・1 身まわりの光 … 1
光と情報／光とエネルギー／太陽光のエネルギー
1・2 光と自然科学 … 6
光と物質の関わり:"光学"と"光化学"／光化学の広がり
本書の構成 … 11

2. 光とは何か … 12
2・1 電磁波と光 … 12
光の正体を求めて／光の速さ／電磁波の発見／光の定義
2・2 光の性質 … 19
物質の構成と分類／光電効果／光量子説の誕生／
光の波動性と粒子性
2・3 光のエネルギー … 28
光子1個のエネルギー／1 mol の光／電磁波と物質の関わり

3. 電子のふるまい … 33
3・1 電子の粒子性と波動性 … 33
水素原子のスペクトル／電子の波動性の発見／
シュレーディンガー方程式／原子の電子配置
3・2 分子の電子状態 … 44
共有結合と分子軌道／多原子分子の分子軌道

4. 分子による光の吸収 ……………………………………… 51
4・1 分子における電子遷移 ……………………………… 51
電子遷移と分子軌道／電子遷移の種類／励起状態と電子スピン／
吸収スペクトルと振動構造
4・2 吸収スペクトルの測定 ……………………………… 59
ランベルト-ベールの法則／紫外可視分光光度計／吸収光量

5. 光を吸収した分子のふるまい …………………………… 64
5・1 励起状態の分子がたどる過程 ……………………… 64
ヤブロンスキー図／励起状態の分子の構造／項間交差／
蛍光と燐光
5・2 励起状態の情報をどうやって得るか ……………… 70
吸収スペクトルと発光スペクトル／励起状態の寿命／量子収率
5・3 励起状態の分子における分子間相互作用 ………… 76
増感と消光／分子間相互作用の様式 (1)：励起エネルギー移動／
分子間相互作用の様式 (2)：光誘起電子移動／
シュテルン-フォルマーの式

6. 色とは何か ………………………………………………… 85
6・1 光と色の関わり ……………………………………… 85
光の色とその認識／吸収による色
6・2 分子の構造と色 ……………………………………… 92
電子の非局在化と光の吸収／錯体の色／天然色素と合成色素／
機能性色素

7. 光と化学反応 ……………………………………………… 103
7・1 光化学反応の特徴 …………………………………… 103
光化学反応と熱反応／光化学反応の法則／
光化学反応の速度を支配する因子／光化学反応の実験的手法

7・2 結合開裂反応 …………………………………………………… 110
　　オゾン層の形成と破壊／アルカンのハロゲン化／光重合開始剤
7・3 異性化反応 ……………………………………………………… 116
　　アルケンのシス-トランス異性化反応／フォトクロミズム

8. 光と生物 …………………………………………………………… 123
8・1 光合成 …………………………………………………………… 123
　　光合成の化学的意義／光合成における電子移動と物質変換／
　　光合成の全体像／人工光合成とは何か
8・2 生物の光応答 …………………………………………………… 132
　　動物の光応答：視覚と走光性／植物の光応答
8・3 生物発光と化学発光 …………………………………………… 137
　　ホタルの発光に関わる物質／化学発光とその反応機構／
　　分子内 CIEEL 機構：ホタルの発光のしくみ／
　　生物発光・化学発光の利用

9. 光を利用する技術 ………………………………………………… 143
9・1 太陽電池 ………………………………………………………… 143
　　太陽電池の種類／半導体とその電子構造／
　　半導体を用いた太陽電池のしくみ／太陽電池の評価／
　　色素増感太陽電池／有機薄膜太陽電池
9・2 発光ダイオード ………………………………………………… 156
　　エレクトロルミネセンス／有機 EL
9・3 光触媒 …………………………………………………………… 159
　　本多-藤嶋効果／光触媒によるエネルギー変換／環境浄化への利用
9・4 レーザー ………………………………………………………… 164
　　自然放出と誘導放出／レーザーのしくみ／レーザーの種類／
　　レーザー光の特徴

索　引 …………………………………………………………………… 169

1 光と私たち

　私たちの身のまわりには，ふだんあまり意識することはないが，私たちが生きるために不可欠なものがいくつかある．さしあたって思い浮かぶのは，空気と水だろう．光はどうだろうか．暗黒の世界を想像してみると，地球上に生命が存在できるのは，太陽の光の恩恵によるものであることがわかる．しかし，物質である空気や水と違って，光には実体がない．なぜ私たちは光を必要とするのだろうか．光は私たちに何をもたらしているのだろうか．"光化学"を学ぶにあたり，まず，光と私たちの関わりを考えてみることにしよう．そしてその中で，"光化学"とはどのような学問であるかを述べることにしよう．

1・1　身のまわりの光

> 　始めに神が天地を創造された．地は混沌としていた．暗黒が原始の海の表面にあり，神の霊風が大水の表面に吹きまくっていたが，神が，「光あれよ」と言われると，光が出来た．神は光を見てよしとされた．
> "旧約聖書 創世記（岩波文庫）"，関根正雄訳，p.9，岩波書店（1956）による．

　旧約聖書によると，天地創造の第1日目に神は光を創り，光とやみとを分けたとされる．暗やみに閉じ込められた経験のある人なら誰でも，暗黒の恐怖とそれから開放されたときの安堵感を覚えているだろう．光は私たちにとって，物理的な"明るさ"以上の意味をもち，心の深いところで関わっている．光は希望であり，喜びであり，生命そのものである．光は私たちにとって，最も関わりの深い自然現象といえる．
　それゆえ，自然科学が発展した17世紀以降，その時代の先端的な科学者が，こぞって"光とは何か"という素朴な疑問の解明に没頭したのは当然のことであった．そして，その後の科学・技術は，光に関する研究とともに発展してきたといってよい．第2章以降に述べるように，光の粒子性の発見により，"量子力学"という全く新しい物理学が誕生し，人類は極微小の世界を解明する手段を得た．さらに本書で

	光による情報の表示・伝達・記録	光による物質変換・エネルギー変換
光の物理的な性質を利用した技術	照明, ディスプレイ 望遠鏡, 顕微鏡 光通信（光ファイバー） 光ディスク ホログラフィー 写真, コピー 光機能性材料 化学発光, 電界発光	太陽電池 光触媒 光重合, 感光性樹脂 光による物質合成 光線療法 歯科治療
自然界の現象	視　覚 走光性 屈光性, 光発芽 生物発光	光合成 日焼け, 発がん作用 オゾン層の生成・破壊 光化学スモッグ

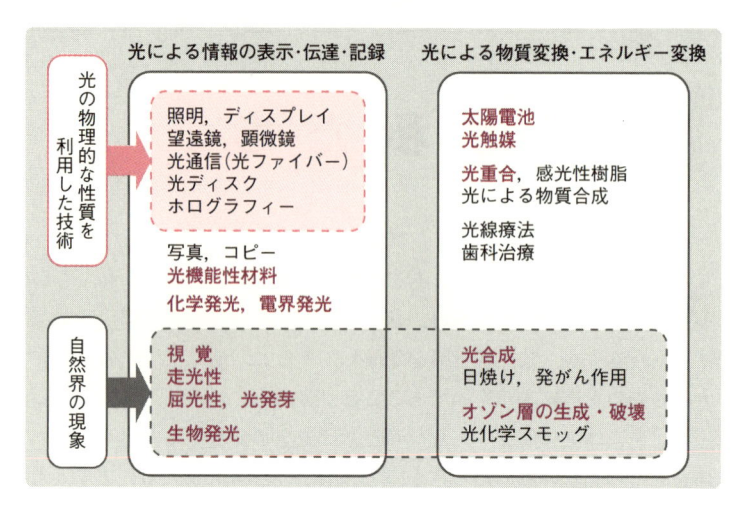

図 1・1　光を用いた技術と光が関わる自然現象．赤字は本書で取上げる事項を示す．

は触れないが，アインシュタイン（A. Einstein, 1879～1955）が相対性理論を提案したのも，光の速度の探究に基づいてのことであった．また，1960 年に発明されたレーザーは，光を用いた技術に革命的な発展をもたらした．いまや，情報の表示だけでなく，情報の伝達や記録にも光が用いられる．20 世紀は電子技術に基づいたエレクトロニクス（電子工学）の時代であった．これに対して，"21 世紀はフォトニクス（光工学）の時代"といわれる．私たちは，私たちが想像する以上に光と深くかかわっているのである．

　さて，私たちの身のまわりでは，光がどのように使われているか，また光によってどのような現象が起きているかを考えてみよう．図 1・1 に，私たちの身のまわりにある光を用いた技術，および光が関わる自然現象のうち，おもなものをあげた．さらにそれらを，光の使われ方に注目して二つに分類してみた．一つは，光により情報を取得したり，光を情報の表示や伝達，あるいは記録に用いる場合である．もう一つの光の使われ方は，光をエネルギー源として用いて，物質を変換したり，エネルギーを貯蔵する場合である．それぞれについて，詳しくみてみよう．

■ 光と情報

　真っ暗な部屋の中では何も見えないが，電灯をつけて明るくすれば，何がどこにあるのかすぐにわかる．このように私たちは，光を利用して身のまわりの情報を得

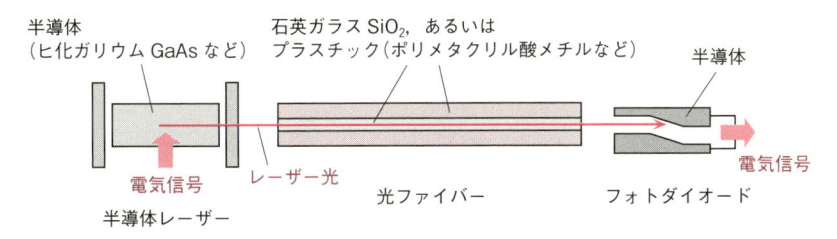

図1・2 光通信の模式図．電気信号は，半導体レーザーによって光による信号に変換され，光ファイバーの中を伝送されてフォトダイオードにより再び電気信号に変換される．半導体の性質やレーザーのしくみについては，第9章で説明する．

ている（私たちが目で光を感知するしくみは，§8・2で詳しく述べる）．また，テレビやコンピューターの液晶ディスプレイによる画像の表示，さらに写真やCD（compact disc）による情報の記録など，情報化社会とよばれる現代においては，情報に関するさまざまな操作が光を用いて行われる．

　図1・1において"光の物理的な性質を利用した技術"としたものは，§2・1で述べる光の直進，屈折，分散，回折，干渉といった性質を利用した技術である．これに対して，光を情報の表示や取得に用いる技術や自然界の現象のうち，写真や視覚，あるいは生物発光などには，光による物質の化学的な変化が伴っている．これら二つの事象では光の役割が異なっており，また，それぞれの技術の基礎になっている理論，あるいは現象を理解するための学問体系も異なっている．これらの違いについては，§1・2で改めて述べる．

　ただし，ここで注意してほしいことは，"光の物理的な性質を利用した技術"であっても，常に物質との関わりがあることである．たとえば，図1・2に示したように，光ファイバーを用いた光による情報の伝達（**光通信**という）も，常に半導体や光ファイバーを構成する物質との関わりにおいて行われる．

■ 光とエネルギー

　高等学校の"生物"では，緑色植物は，光を用いて二酸化炭素と水から糖類を合成する**光合成**とよばれる過程によって成長することを学ぶ．光がないと光合成は起こらない．また，近ごろでは，家庭で用いる電卓や腕時計，あるいは街路灯なども**太陽電池**で作動するものが多くなった．私たちはふだん，光をエネルギーとして意識することはないが，これらの現象や技術は，光が明らかにエネルギーをもっていることを示している．光がもつエネルギーの意味と大きさについては§2・3で詳し

く述べるが，ここでは，一般的なエネルギーの意味を明確にしておこう．"太陽電池は光エネルギーを電気エネルギーに変換する装置"と言われるが，これはどういう意味だろうか．

"エネルギー"はふだんの生活でもよく用いられる言葉であり，"活力・活気"といった抽象的な概念を意味することが多い．自然科学ではエネルギーは，"物体がもつ仕事をする能力"と定義される．仕事とは"力を加えて物体を移動させること"であり，単位はJ（ジュールと読む）が用いられる．エネルギーの大小もそれによってなされる仕事で評価されるから，エネルギーの単位もJである．1Jは"1Nの力で物体を1m動かしたときの仕事"と定義される．

$$1J = 1N \times 1m$$

ここで1N（ニュートンと読む）は力の単位である．体重50kgの人が地球上で受ける重力の大きさは，約490Nとなる．

さて，物体の状態は，それを構成する物質の組成，圧力，体積，温度などによって定義され，その状態に固有のエネルギーをもっている．物体の力学的な運動を考えるときには，物体の速度や位置もエネルギーに関わってくる．ある状態の物体が仕事をすると，その物体はその仕事に等しい大きさのエネルギーを失い，別の状態に移る．したがって，仕事は，二つの状態の間でエネルギーを伝える媒体とみることができる．実は，熱，電気，そして光も，仕事と同じように，二つの状態をつなぐエネルギーの媒体なのである（図1・3）．

この定義に基づくと，太陽電池は，"ある状態の物質を，光によってより高いエネルギーをもつ状態に移し，それがエネルギーの低い状態にもどる際に放出されるエネルギーを電気として取出す装置"ということができる．さらに，図1・3に示す二つの状態は，物質の種類が異なっていてもかまわない．この場合には，状態1と状態2の変化には化学反応を伴うことになる．緑色植物の光合成はまさに，エネルギー

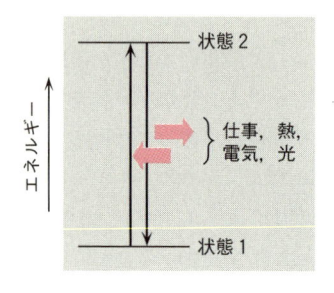

図 1・3 物体の状態とエネルギー．物体の状態は，物質の組成，圧力，体積，温度などによって定義され，それぞれ固有のエネルギーをもっている．二つの状態のエネルギーは，仕事，熱，電気，光などを媒体として相互に変化する．

の低い物質である二酸化炭素と水を，光によって，より高いエネルギーをもつ糖類に変化させる現象である（光合成の意義とそのしくみについては，§8・1で詳しく述べる）．このように，光をエネルギーとして利用する場合も，常に物質との関わりにおいて行われることに注意してほしい．

■ 太陽光のエネルギー

私たち人類にとって最も身近な光は，太陽光であろう．太陽は地球から約1億5000万kmのかなたにあり，表面温度は約5800 K（ケルビンと読む．0℃＝273.15 K）と推定されている．のちに詳しく述べるように，太陽からはおもに可視光と赤外線が放出されている．人類は古くから，太陽光を照明や暖房に利用してきた．太陽熱温水器は，太陽光エネルギーを用いて水を加熱する装置であり，一般家庭でも暖房や給湯などに利用されている．

近年では，**再生可能エネルギー**という言葉をよく耳にするようになった．これは，いずれ枯渇する化石燃料やウランなどの地下資源に依存せず，自然界からたえず供給されるエネルギーをいう．太陽光エネルギーは最も代表的な再生可能エネルギーであり，その有効利用が期待されている．地球に降り注ぐ太陽光のエネルギーは，どの程度の大きさなのだろうか．

地球に到達する太陽光エネルギー 5.48×10^{24} J（100 %）

大気，雲による反射（23 %）

大気，雲による吸収（23 %）

地表による反射（6 %）

地表による吸収 2.63×10^{24} J（48 %） ＝ 世界の総エネルギー消費量の7250倍

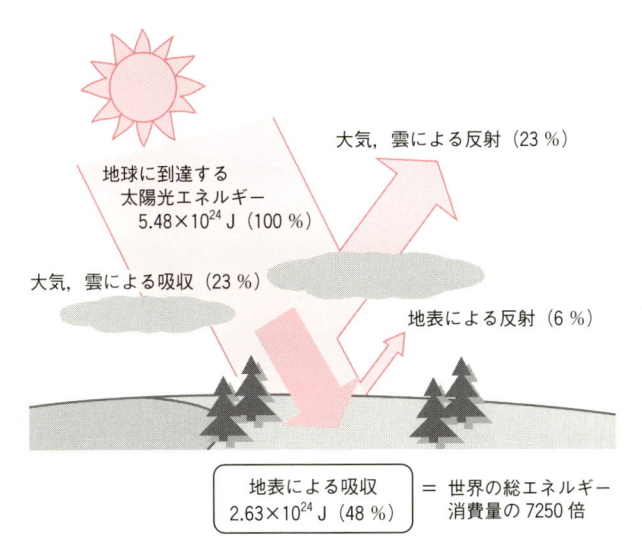

図 1・4 1年間に地球に到達する太陽光エネルギー

太陽から地球に放射される光のエネルギーは，人工衛星などで直接観測されている．地球大気の表面において，太陽光に垂直な $1\,\mathrm{m}^2$ の面が1秒間に受ける太陽光のエネルギーは 1366 J である．この値はほとんど変動しないことが知られており，**太陽定数**とよばれている．これに地球の断面積 $1.274\times10^8\,\mathrm{km}^2$ をかけると，地球が太陽から1年間に受け取るエネルギーはおよそ 5.48×10^{24} J となる．このうちのある部分は，大気や雲に反射され，あるいは吸収されて，地球上におけるさまざまな気象現象の要因となる．米国航空宇宙局（National Aeronautics and Space Administration, NASA）ではさまざまなデータに基づいて，地球におけるエネルギーの流れを推定し，発表している．それによると，地表が吸収する太陽光エネルギーは，地球に到達する太陽光エネルギーの 48 % 程度になり，1年間で 2.63×10^{24} J と計算される（図 1・4）．このエネルギーがまさに地球が受ける太陽の恩恵であり，このエネルギーによって地球は適切な温度に保たれ，すべての生命活動が維持されているのである．

　さて，この値を私たちが1年間に消費しているエネルギーと比較してみよう．国際エネルギー機関（International Energy Agency, IEA）の統計によると，2010 年における世界の総エネルギー消費量は 8.68×10^9 TOE（石油換算トン，1 TOE＝4.1848×10^{10} J），すなわち 3.63×10^{20} J ほどになる．この値から，1年間に地球が吸収している太陽光エネルギーは，世界の年間総エネルギー消費量の 7250 倍もの大きさになることがわかる．別の言い方をすると，私たち人類が1年間に消費しているエネルギーは，わずか 70 分の間に地表に降り注ぐ太陽光のエネルギー量に過ぎないことになる．

　現在，私たち人類は，消費するエネルギーの 80 % 以上を石炭，石油，天然ガスといった，いわゆる化石燃料に頼っている．上記のように，太陽光のエネルギーは膨大であるが，私たちが利用するためには，それを電気や物質がもつエネルギーに変換する必要がある．化石燃料はいずれ枯渇する．私たち人類が将来も生存し，繁栄を維持するためには，太陽光エネルギーを私たちが利用できる形態のエネルギーに変換する技術を開発しなければならない．またそれは，化石燃料を消費した私たち人類の責務でもあろう．

1・2　光と自然科学

　前節では，私たちの身のまわりにある光が関わる技術や自然現象について述べた．もちろんそれらの技術は，それぞれ基礎となる学問をもち，理論によって裏づけられている．また，光が関わる自然界のさまざまな現象についても，自然科学の手法

で解析され，体系的な理解が進んでいる．本節では，光に関する自然科学の学問領域を概観し，本書の主題である"光化学"の自然科学における位置づけを述べる．

■ 光と物質の関わり："光学"と"光化学"

前節において，"光の物理的な性質を利用した技術"も，光と物質との関わりにおいて行われることを述べた．たとえば，私たちは小中学校で，光は鏡で反射させたり，凸レンズによって集めたりできることを学ぶ．凸レンズによってスクリーンに像が逆さまに映ったり，物体が拡大されて見えるしくみが，直線をひくだけで簡単に理解できることを覚えている人も多いだろう（図1・5）．このような光の反射，屈折といった現象も，光と鏡やレンズを構成する物質との関わりの結果として起こる．しかし，ここでは物質のことには全く触れずに，物質による光の進路の変化だけを問題にしている．また，のちに述べるような，光は波であるか，粒子であるかといった議論もここでは関係がない．それは，光の反射や屈折という現象は，このような扱いで十分に理解できるからである．

光に関する研究は，"光と物質の関わり"に関する研究と言い換えてもよい．すると，おのずと研究には二つの立場があることになる．その一つは，"物質と関わった光"に注目する立場であり，この研究分野は**光学**（オプティクス，optics）と総称される．光学は物理学の一分野であり，上述の例のように光を直線として扱う**幾何光学**，光を波として扱う**波動光学**，さらに光を粒子として扱う**量子光学**などに分類される．図1・1において"光の物理的な性質を利用した技術"としたものは，おもに光学を基礎とする技術である．

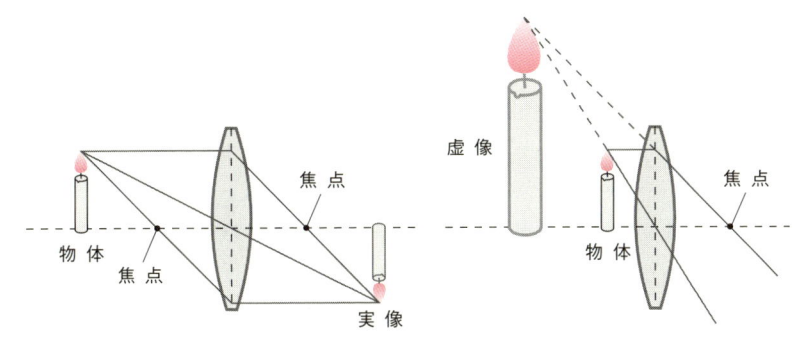

図1・5 光とレンズ．中学校で学ぶレンズを通した光のふるまいは，レンズを構成する物質のことには触れずに，また光の波動性や粒子性とは全く無関係に，光の進む線だけで理解することができる．このように光を扱う学問を，幾何光学という．

これに対して，もう一つの立場は，"光と関わった物質"に注目する立場である．このような立場から光と物質の関わりを研究する分野が，**光化学**（フォトケミストリー，photochemistry）であり，化学の一つの研究分野である．"化学"はもともと物質の成り立ちや性質，あるいは変化を，その物質を構成する原子・分子の観点から解明する学問であり，一般に，解明のための理論と手法を研究する"物理化学"のほか，研究対象となる物質によって"無機化学"，"有機化学"，"高分子化学"などに分類される．しかし，"光化学"はそれらと並び立つ研究分野ではなく，それらを横断する研究分野といえる．すなわち<u>"光化学"とは，すべての物質を対象として，その物質に光を照射したときの物質のふるまいや変化を，原子・分子の観点から研究する学問である</u>．したがって，光化学の研究対象は多岐にわたる．図1・1に示したように，写真や太陽電池，光触媒といった技術は，いずれも光化学の研究成果に基づく技術である．また，光合成や光化学スモッグなど光が関わる身近な自然現象も光化学の研究対象であり，いずれも原子・分子のふるまいに基づいて現象の説明がなされている．次項において，光化学の広がりについて，もう少し詳しく述べることにしよう．

なお，ささいなことであるが，"光化学"の読み方には決まりはなく，コウカガクと読んでも，ヒカリカガクと読んでもよい．化学の辞典を見ても，それぞれを主見出しとするものが混在している．また，光が関わる現象や概念には，"光"をある単語の語頭につけたものが多いが，一般にはそれも，コウとよんでもヒカリと読んでもよい．ただし，生物が営む光合成はコウゴウセイ，金属から放出される光電子はコウデンシであり，一方，光触媒や光重合はそれぞれ，ヒカリショクバイ，ヒカリジュウゴウと読むのが普通である．

■ 光化学の広がり

光化学の研究では，光を照射された物質がどのようにふるまい，どのように変化するかを調べ，それを理論に基づいて統一的に理解しようとする．光化学ではさまざまな物質が研究対象となるから，自然科学の他の学問領域や，工業的に利用される技術との関わりも大きい．代表的なものを列挙してみよう．

❶ **合成化学への利用**　化学における"合成"とは，一般に，簡単な構造の物質から，化学反応により複雑な構造をもつ物質をつくることである．§7・1で述べるように，光を用いると，普通に行われる熱を用いた反応とは異なった物質が得ら

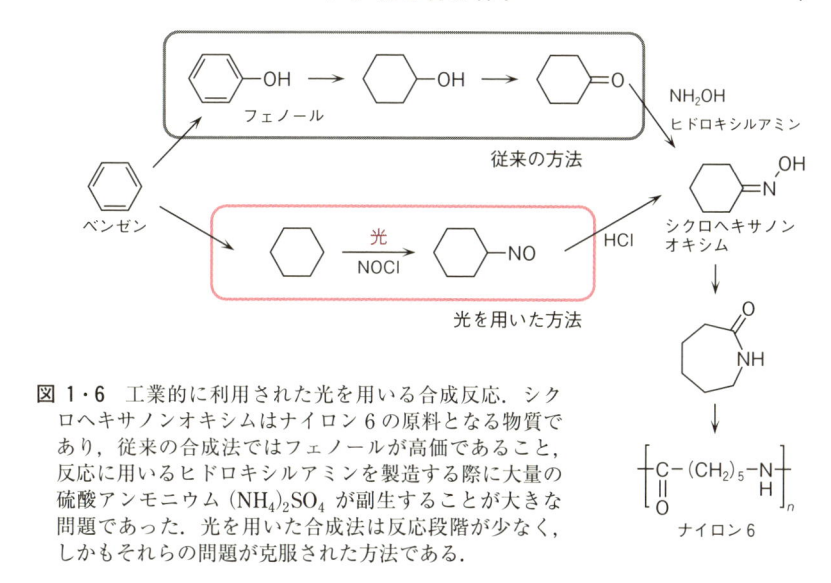

図 1・6 工業的に利用された光を用いる合成反応．シクロヘキサノンオキシムはナイロン 6 の原料となる物質であり，従来の合成法ではフェノールが高価であること，反応に用いるヒドロキシルアミンを製造する際に大量の硫酸アンモニウム $(NH_4)_2SO_4$ が副生することが大きな問題であった．光を用いた合成法は反応段階が少なく，しかもそれらの問題が克服された方法である．

れることがある．このため，光はしばしば，ある物質を合成するための"試剤"として用いられる．工業的に利用された例として，わが国で開発されたナイロン 6 の原料となるシクロヘキサノンオキシムの合成がある（図 1・6）．従来の方法に比べて，反応段階が少ない，原料が安価，副生成物が少ないなどの利点があり，大規模な製造に用いられている．

❷ **微細加工技術への応用**　金属の表面を部分的に化学薬品で腐食させ，表面に画像を描く技術を**エッチング**といい，銅版画だけでなく，印刷製版や金属の表面加工にも利用されている．この際，光を照射すると溶媒への溶解性が変わる物質を金属表面に塗布しておくと，腐食させたい部分の画像を，光を用いて描くことができる．この目的で用いられる光感応性材料を**フォトレジスト**という．光を用いると線幅が 1 μm 以下の画像を描くことができるため，この技術は，電子素子に用いる半導体の製造に利用されている（図 1・7）．

❸ **発光材料の開発**　近年，白熱電球や蛍光灯にかわる照明器具として，発光ダイオード（light emitting diode，LED と略記する）が注目され，急速に普及してきた．LED の発光現象は物質の化学的な変化を伴うわけではないが，物質に依存した発光現象であり，光化学の研究対象になっている．LED については，§9・2 で詳しく述べる．

[図の説明]

画像フィルム（マスク）
光
酸化ケイ素被膜
フォトレジスト（光が照射されると有機溶媒に不溶化する光感応性材料）
シリコン基盤

光照射後，有機溶媒で処理すると，光が照射された部分だけ残る．

フッ化水素水溶液などで処理すると，フォトレジストを保護膜として，酸化ケイ素被膜がエッチングされる．

フォトレジストを除去する

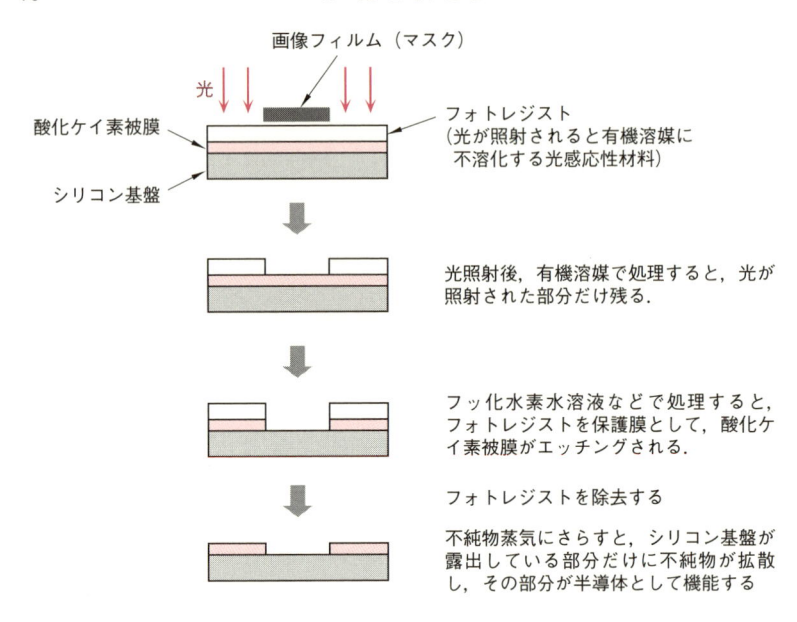

不純物蒸気にさらすと，シリコン基盤が露出している部分だけに不純物が拡散し，その部分が半導体として機能する

図 1・7 光を用いた半導体の製造．§9・1 で述べるように，電子素子として用いる半導体はシリコン（ケイ素 Si）に不純物として微量のリン P，あるいはホウ素 B などを添加したものである．光を用いるとシリコン基盤に微細加工ができるため，高密度の電子素子（集積回路という）を製造することが可能となる．この技術により，コンピューターなど電子機器の小型化や高機能化が進展した．

❹ **エネルギー変換技術の開発** 光エネルギーを電気，あるいは物質がもつエネルギーへと変換する技術は，太陽光エネルギーの有効利用の観点から，その発展が最も期待される技術である．光エネルギーを電気に変換する太陽電池のしくみについては，§9・1 で詳しく解説する．また，光エネルギーを物質がもつエネルギーへと変換する"人工光合成"については，自然界の光合成との関連から §8・1 で触れる．

❺ **光が関わる生命現象の解明** 私たち生体も原子・分子の集合体である．それゆえ，生命現象は多数の物質が関わるきわめて複雑な現象ではあるが，化学的に，すなわち原子・分子の視点から理解できるはずである．光合成や視覚など光が関わる生命現象は，古くから生物学の分野で研究が行われてきたが，近年では光化学の研究対象となり，化学の立場からそのしくみの解明が進んでいる．これらについては，第 8 章で述べる．そのほか，私たちに関わりの深い現象として，日焼

けや，紫外線による皮膚がんの形成がある．これらのしくみについても生体を構成する分子の視点から説明がなされている．

❻ **光が関わる大気の現象の解明**　地球に降り注ぐ太陽光が，大気に含まれる物質の反応をひき起こすことがある．この反応は地球規模で起こるので，生態系に与える影響も大きい．このような反応のうちで最も重要なオゾン層の形成と破壊については，§7・2で述べる．また，1970年代に大きな社会問題となった**光化学スモッグ**は，人体に有害な気体状物質や微粒子が大気中に停滞することによる大気汚染である．光化学スモッグの形成は，排気ガスに含まれる二酸化窒素 NO_2 などの窒素酸化物が太陽光によって分解し，生成した酸素原子と炭化水素（炭素と水素だけから形成される化合物）との反応によるものと推定されている．

本書の構成

　本書は，専門的な化学の知識をもたない人にも，"光化学"が関わる身のまわりの現象や技術について，そのしくみを原子・分子の視点から理解してもらうことを意図している．そのためには，どうしても光と，物質を構成する電子のふるまいについて予備的な知識が必要となる．本書ではそれらを，それぞれ第2章と第3章で解説した．途中でしばしば数式がでてくるが，その事項について定量的な表記ができることを示したものであり，読み飛ばしていただいて構わない．

　第4章と第5章では，分子による光の吸収と，光を吸収した分子のふるまいについて述べた．分子が関わる光化学的な現象や技術の基本となる事項は，ほとんどこの章に含まれていると考えてよい．

　第6章以降は，光と物質が関わる身のまわりの現象や技術について，いくつかの具体的な例を取上げ，そのしくみを解説した．第6章では物質の色について，また第7章では光による化学反応について述べた．生物が関わる光化学的な現象については，第8章で解説した．これらの章ではしばしば複雑な構造式が登場するが，その現象に関わる分子の構造がちゃんとわかっていることを示したものであり，これもちらりと眺めていただくだけで構わない．日々，発展している技術については，おもに光エネルギー変換に関連したものを取上げ，第9章でその概要を述べた．本書によって，光と物質の関わりについて興味を深めていただき，ここで得た知識をもとに，より詳しく書かれた書物などでさらに深く学んでいただければ幸いである．

2 光とは何か

　光と物質の関わりを学ぶ前に，光について必要な知識を得ておくことにしよう．光に関する研究は 17 世紀以降，急速に進展し，現在の情報社会を支えるさまざまな技術の基礎となっている．光と物質との関わりにおいて最も重要なことは，"光は粒子の流れとみることができる"ということである．光の粒子はどうやって数えるのだろうか．"1 mol の光"とは何を意味するのだろうか．

2・1　電磁波と光

　光とは何だろう．私たちの生活では，光は，"人間の目を刺激して明るい感じを起こさせるもの"といった意味で使われている．私たちが物体を見ることができるのは，太陽や蛍光灯などの光源から発せられた光が物体の表面で反射して私たちの目に入るからである．光がなければ，私たちは物体を見ることができない．

　自然科学では，光はそれとはやや異なった意味に使われる．しかも，自然科学の分野によって，光という言葉のもつ意味は必ずしも同じではない．まず，本書で用いる光の意味を明確にしておこう．本書において，光と物質の関わりを議論する際に用いる"光"とは，"波長がおよそ 200 nm から 800 nm の領域にある電磁波 (nm はナノメートルと読み，10^{-9} m を表す)"と定義することができる．本節では，光に関する研究の歴史をたどりながら，この言葉のもつ意味を説明しよう．

■ 光の正体を求めて

　光が一様な物質の中では直進し，鏡にあたると反射すること，また**屈折**，すなわち空気中から水中へのように異なった物質へ進入する際に光の進路が変化することは，古代ギリシャ時代から知られていた．ガラスを加工したレンズは古代から使われていたが，10 世紀ころからそれを用いた拡大鏡や眼鏡が作成され，さらに 17 世紀には望遠鏡が発明されて天体観測が行われるようになった．このような背景のもとで，光に対する科学的な関心が急速に高まった．

2・1 電磁波と光

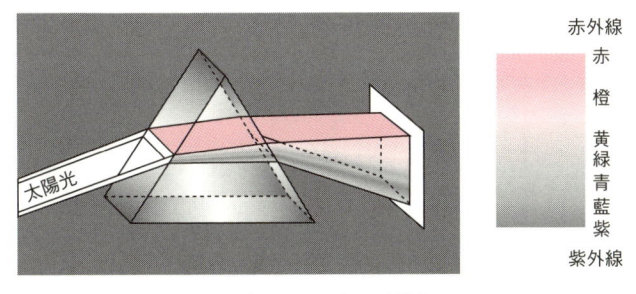

図 2・1 プリズムによる光の分散とスペクトル

太陽光などの白色光をプリズムに通すと，赤から紫までの連続的に変化する帯が得られる．この現象を光の**分散**といい，得られた虹色の帯を光の**スペクトル**という（図 2・1）．17 世紀の中ごろ，この現象を研究していた英国の物理学者ニュートン（I. Newton, 1643～1727）は，分散された光を再び合わせると白色光が得られることを示し，白色光は均一な光ではなく，多くの異なる色の重ね合わせであることを明らかにした．その後，太陽光のスペクトルを研究していた英国の天文学者ハーシェル（F. W. Herschel, 1738～1822）は，1800 年に，赤色の外側に置いた温度計が上昇することを見いだし，熱を伝える光線として赤外線を発見した．また，その翌年，ドイツの物理学者リッター（J. W. Ritter, 1776～1810）は紫色の外側に，化学反応を起こすことができる光線として紫外線を発見している．こうして，目に見えない光線も存在することが明らかにされた．

光の正体が波であるか，粒子であるかについては，当時から激しい議論がなされた．物体の運動法則を確立したニュートンは，光を粒子と考えていたらしい．そのおもな根拠は，光が回折現象を示さないことであった．**回折**とは，波が隙間を通り抜けて，障害物の背後に回り込む現象をいう．音は空気の振動による波であるが，私たちは音源との間に壁があっても音を聞くことができる．これは音源から広がって進んだ音が，壁を回り込んで私たちの耳に到達したためである．しかし，光は壁によってさえぎられてしまい，壁の向こうの光源を見ることはできない．

1805 年ごろ，英国の物理学者ヤング（T. Young, 1773～1829）は，二つのスリット（狭い隙間）を通過した光がスクリーンに縞模様を与えることを発見した（図 2・2）．この実験は，スリットを通った光が壁の向こう側にも回り込めること，すなわち回折することを示しているのみならず，光が波の重要な性質の一つである干渉を起こすことも明らかにした．**干渉**とは，波の山と山が重なって強め合ったり，山

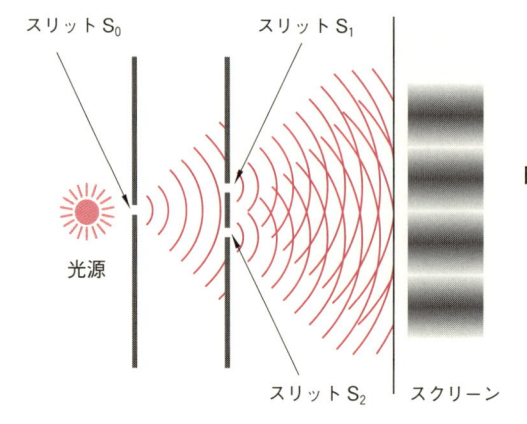

図 2・2 ヤングの実験の模式図. 弧状に描いた線は，波の山の部分を表している．重なった部分は強め合って明るくなる．光が直進するだけであれば，S_0 と S_1，S_0 と S_2 を結んだ直線の延長線がスクリーンと交わる位置だけが明るくなるはずである

と谷が重なって弱め合ったりする現象をいう．縞模様の明るい部分は二つのスリットを通った光が強め合った部分であり，暗い部分は弱め合った部分である．

こうして，ヤングの実験により，光は波の性質をもつことが確定した．図 2・3 のように，波は波長 λ〔単位：m〕と振幅 A〔m〕，およびある点の 1 秒あたりの振動回数を表す振動数 ν〔s^{-1}（毎秒），あるいは Hz（ヘルツ）〕で特徴づけられる（ギリシャ文字 λ はラムダ，ν はニューと読む）．波の速さ v〔$\mathrm{m\,s^{-1}}$〕は (2・1) 式で表される．

$$v = \nu\lambda \qquad (2・1)$$

波の回折のしやすさは波長に依存し，波が通り抜ける隙間よりも波の波長が短い場合には，回折現象を観測することが難しくなる．光が壁を回り込むような回折現象が見られないのは，光の波長が $10^{-7}\,\mathrm{m}$ 程度ときわめて短いためである．

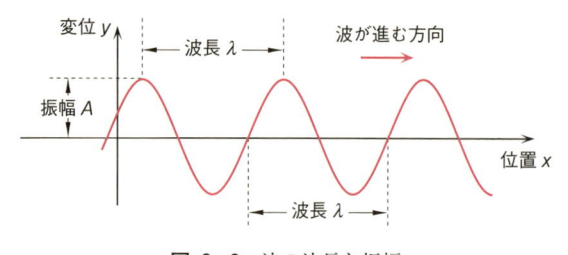

図 2・3 波の波長と振幅

■ 光 の 速 さ

古くから光の速さ，すなわち**光速**は無限に大きいものと考えられていたが，17 世紀になって，稲妻や天体運動の観測から光速は有限の値をもつことがわかってきた．

1728年,英国の天文学者ブラッドリー (J. Bradley, 1693〜1762) は恒星の位置変動の精密な観測から,光速の値として $3.01\times10^8\,\mathrm{m\,s^{-1}}$ を得ている.

地上の実験によって光速を最初に測定したのは,フランスの物理学者フィゾー(A. H. L. Fizeau, 1819〜1896) であった.1849年にフィゾーは,図2・4に模式的に示したように,歯車の回転を利用して,光が観測者と約9km先に置いた反射鏡との間を往復する時間を測定し,光速の値として $3.13\times10^8\,\mathrm{m\,s^{-1}}$ を得た.

その後,さまざまな工夫と測定機器の進歩により,光速について精度の高い値が得られるようになった.1973年には,ある光の振動数 ν〔単位: $\mathrm{s^{-1}}$〕と波長 λ〔m〕の精密な測定から,光速 c〔$\mathrm{m\,s^{-1}}$〕$=\nu\lambda$ が9桁の精度で求められた.この値の不確かさは長さの定義の不確かさによるものであり,実験の精度が単位の正確さに追いついたことになる.そこで,1983年には,光速の値を定義し,その値をもとに長さを決めるようになった.すなわち,現在では,光速の値 c は測定値ではなく,厳密に,

$$c = 299\,792\,458\,\mathrm{m\,s^{-1}}$$

と定義されている.そして,長さの基準である1mが,"光が1秒間に進む距離の299 792 458分の1"と決められている.

厳密には,上記の光速の値 c は真空中の値である.真空中では,光の速さは振動数に依存しない.物質の中では光の速さは真空中の値 c よりも小さくなり,また振動数によって異なる.なお,屈折は,物質により光の速さが異なることによって起

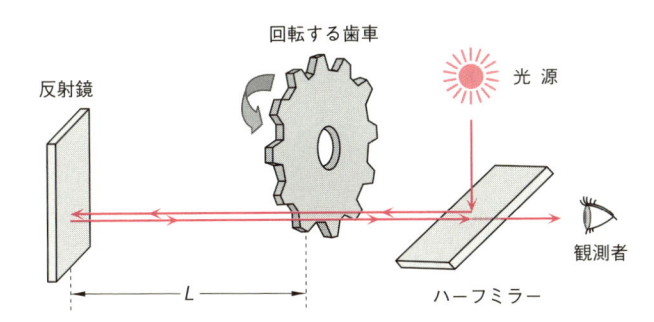

図 2・4 フィゾーによる光速の測定実験の模式図.ハーフミラーは光の半分は透過し,半分は反射する鏡である.ハーフミラーで反射され,歯車の隙間を通過した光は,反射鏡で反射されて,同じ隙間を通過し観測者の目に届く.歯車の回転を速くして,ちょうどつぎの歯が光路にくるようにすると,反射鏡で反射された光は遮られ観測者からは見えなくなる.このとき,歯の隙間からつぎの歯がくるまでの時間を t とすると,光速 c は $ct=2L$ の関係を満たす.t は歯車の回転数と歯の数から求めることができる.

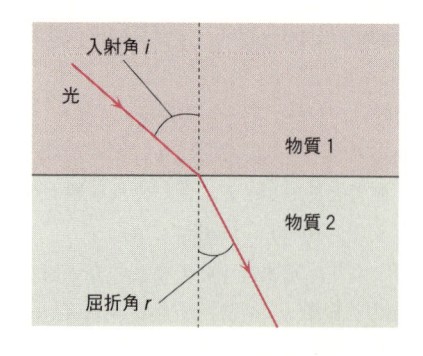

図 2・5 光の屈折．物質 1 と物質 2 の屈折率をそれぞれ n_1, n_2 とすると，下式が成り立つ．n_{12} は相対屈折率とよばれる．

$$n_{12} = \frac{n_2}{n_1} = \frac{\sin i}{\sin r}$$

こる現象である（図 2・5）．ある物質中の光の速さを v とするとき，(2・2)式で表される値 n をその物質の**屈折率**という．

$$n = \frac{c}{v} \qquad (2 \cdot 2)$$

屈折率はその物質に固有の物性値となる．おもな物質の屈折率を表 2・1 に掲げた．また，先に述べた光の分散は，光の屈折率が，同じ物質でも波長によりわずかに異なることによって起こる現象である．

表 2・1　おもな物質の屈折率[†]

物 質	屈折率	物 質	屈折率
空 気	1.000292	エタノール	1.362
二酸化炭素	1.000450	石英ガラス	1.45
水	1.333	ダイヤモンド	2.42

[†] 波長 589 nm の光に対する値．気体は標準状態，他は 20 ℃ での値．

電磁波の発見

ヤングの実験により，光が波としての性質をもつことが実証された．しかし，光を波と考えることには重大な疑問があった．水面の波における水，音波における空気のように，波には波を伝える物質，すなわち媒質が必要である．光を伝える媒質は何なのか．実際，19 世紀までは，光の媒質として未知の物質の存在が仮定され，宇宙はその媒質で満たされていると考えられていた．現在では，そのような物質の存在は否定されている．光はどうして媒質がない真空中も伝わることができるのだろうか．

2・1 電磁波と光

1865年，英国の物理学者マクスウェル（J. C. Maxwell, 1831～1879）は，電気と磁気に関する法則をまとめた方程式を提案し，古典電磁気学を完成させた．この方程式は**マクスウェルの方程式**とよばれ，電場と磁場のふるまいを記述する方程式である．電場とは電気を帯びた物体に力を及ぼすことができる空間であり，磁場とは磁石の性質をもつ物体に力を及ぼすことができる空間をいう．電場と磁場は密接な関係があり，たとえば，磁場を時間的に変化させると，そのまわりに電場が生じる．この現象は**電磁誘導**とよばれ，モーターが作動する原理になっている．マクスウェルは，その逆に，電場を時間的に変化させると，そのまわりに磁場が生じると考え，それによって，電気と磁気に関する法則が矛盾なく成り立つことを示した．

さて，導線に電流を流すとその周囲に磁場が発生するが，その電流を時間的に変化させると生じた磁場も変動する．すると，この磁場の変動によって新たな電場が発生し，磁場の変動に伴ってこの電場も変動する．すると，この電場の変動によって新たな磁場が発生し，電場の変動に伴ってこの磁場も変動する．すると，この磁場の変動によって新たな電場が発生し，…と磁場と電場の発生が連続的に続くことになる（図2・6）．マクスウェルは，変化する電流をきっかけに，このように電場と磁場がつぎつぎと連続的に発生しながら空間を伝わっていく波の存在を予言し，これを**電磁波**とよんだ．

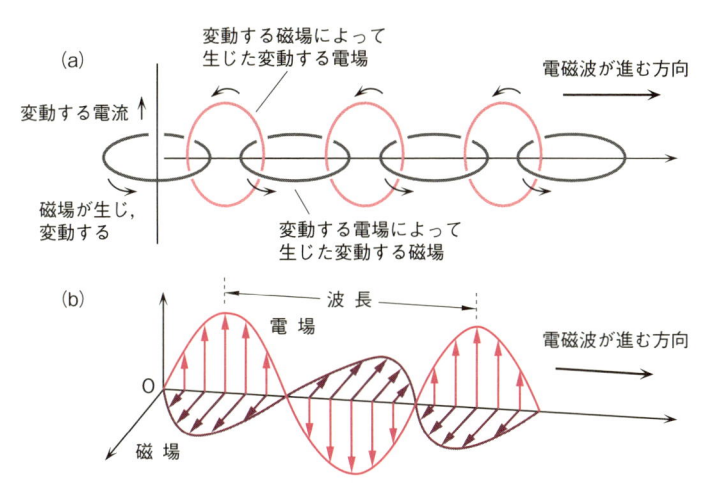

図2・6 電磁波．(a) 電場と磁場の連続的な発生を表す模式図．一方向に進む電磁波だけを描いてあるが，実際にはあらゆる方向に進む電磁波が発生する．(b) 波として描いた電磁波．電場と磁場が振動しながら空間を伝わっていく．

さらにマクスウェルは，電磁波の速度 v は理論的に (2・3)式で表されることを示した．

$$v = \frac{1}{\sqrt{\varepsilon_0 \mu_0}} \quad (2・3)$$

ここで ε_0 は**真空の誘電率**，μ_0 は**真空の透磁率**とよばれ，真空中において，電場や磁場が及ぼすことのできる力の大きさに関係した物理定数である（ギリシャ文字 ε はイプシロン，μ はミューと読む）．マクスウェルは (2・3)式に基づいて，真空中の電磁波の速度 v として約 $3.0 \times 10^8 \, \mathrm{m \, s^{-1}}$ を得たが，この値はフィゾーが実験的に求めた光速 c ときわめて近いことに気づいた．

電磁波に関するマクスウェルの予言は，1887 年，ドイツの物理学者ヘルツ（H. R. Hertz, 1857〜1894）によって実験的に証明された．ヘルツは電磁波を受信する装置を開発して，確かに電場と磁場が空間を伝わっていくことを確認し，さらにその速度は光速 c に等しいことを示した．このヘルツの実験は，現在の情報社会の先駆となった無線通信の発明にほかならない．

こうして，19 世紀の終わりになって，それまで光とよばれていたものは，電磁波の一種であることが明らかになった．すでに述べたように，電磁波は物質の振動ではなく電場や磁場の振動なので，媒質のない空間でも伝わることができる．これが，光が真空中でも伝わる理由である．

■ 光 の 定 義

電磁波は，波長によって特徴づけられる．1895 年にレントゲン（W. C. Röntgen, 1845〜1923）によって発見された X 線や，1900 年に電荷をもたない放射線として発見された γ 線も，波長がきわめて短い電磁波であることが判明した．図 2・7 に，電磁波の種類と，それに対応するおおよその波長領域を示す．これらはすべて真空中で光速 c の速度で伝わり，波長 λ と振動数 ν は (2・4)式で関係づけられる．

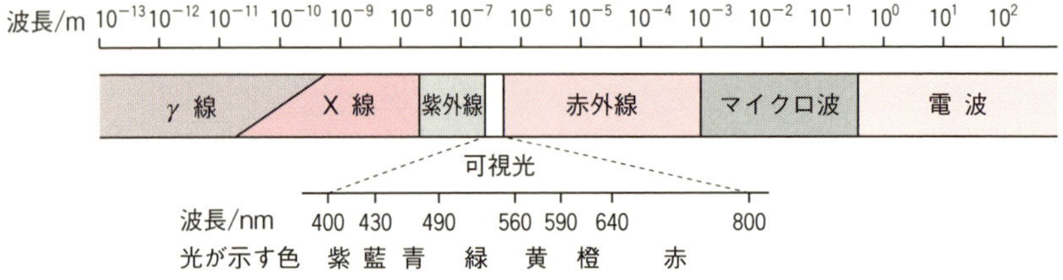

図 2・7 電磁波の種類（$1 \, \mathrm{nm} = 10^{-9} \, \mathrm{m}$）

$$\nu = \frac{c}{\lambda} \qquad (2 \cdot 4)$$

　これまで漠然と"光"とよんでいたものは，ある特定の波長領域の電磁波と言い換えることができる．私たちは，およそ 400 nm から 800 nm の波長領域に限って，その電磁波を"見る"ことができ，しかも波長の違いを色として識別することができるのである．この波長領域の電磁波を，**可視光**という．

　一般に，"光"というと可視光をさす場合が多い．また，自然科学の研究分野によっては，"光"を電磁波と同じ意味で用いる場合もある．しかし，本章の冒頭で述べたように，本書では"光"を，"波長がおよそ 200 nm から 800 nm の領域にある電磁波"とする．これは，この波長領域の電磁波が，物質に対して化学反応をひき起こすことができるためである．実は，私たちが 400 nm から 800 nm の波長領域の電磁波を"見る"ことができるのも，目の中にある物質がこの波長領域の光に対してのみ，化学反応を起こすためである．このことについては，のちに詳しく述べる．

2・2　光の性質

　自然科学は，自然界の成り立ちや自然界に見られるさまざまな現象を，観察や実験を通して体系的に理解しようとする学問である．従来の理論体系で説明できない事実が発見されると，その理論は修正されるか，あるいは新たな理論体系が構築される．こうして，自然に対する私たちの理解が深まっていくのである．

　ヤングの実験，さらにマクスウェルの理論とヘルツによるその実証を経て，19世紀の終わりには，光は電磁波という波であることが確立した．しかし，ちょうどそのころ，研究が進んだ光電効果とよばれる現象の実験結果は，光を波と考えたのではどうしても説明できなかった．現在では，"光は，波に似た性質（**波動性**）と粒子に似た性質（**粒子性**）を併せもつ"と理解されている．本節では，なぜ光を粒子として見なければならないのかについて，説明することにしよう．そのためには，どうしても光と物質の関わりについて触れなければならない．実際，19世紀の終わりから20世紀の初めにかけて，光と物質の関わりを通して光の本質が明らかにされ，それとともに物質を構成する粒子のふるまいが解明されたのである．

■ 物質の構成と分類

　私たちの身のまわりには，さまざまな物質が存在する．光と物質の関わりを述べる前に，物質の成り立ちと分類を整理しておこう．

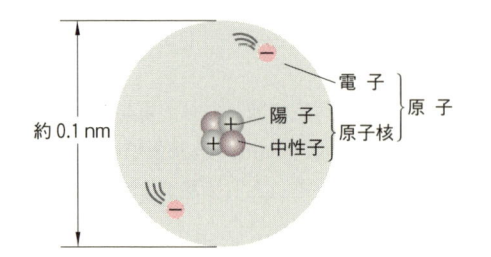

図2・8 ヘリウム He 原子のモデル．正電荷をもつ原子核の周囲を，負電荷を帯びた電子が運動している．電子は原子核を中心とする直径約 0.1 nm の範囲を運動しており，これが原子の大きさとなる．原子核の大きさはその数万分の 1 程度である．

　すべての物質は，**原子**とよばれる極微小の粒子からできている．図2・8にヘリウムガスを構成するヘリウム原子 He の構造を示した．もちろんこの図は直接観測されたものではなく，さまざまな実験事実から推定されたモデルである．

　図2・8に示すように，原子はさらにいくつかの粒子から構成されている．正電荷をもつ**陽子**は原子核に存在し，陽子の数によって原子の固有の化学的性質が決まる．負電荷を帯びた粒子は**電子**とよばれ，英国の物理学者トムソン(J. J. Thomson, 1856〜1940)によって，1897年に発見された．電子の質量は陽子のおよそ 1840 分の 1 であり，電子は原子核の周囲をすみやかに運動している．後述するように，光との関わりなど，物質が示すさまざまな物理的，および化学的性質は，その物質がもつ電子のふるまいによって理解することができる．

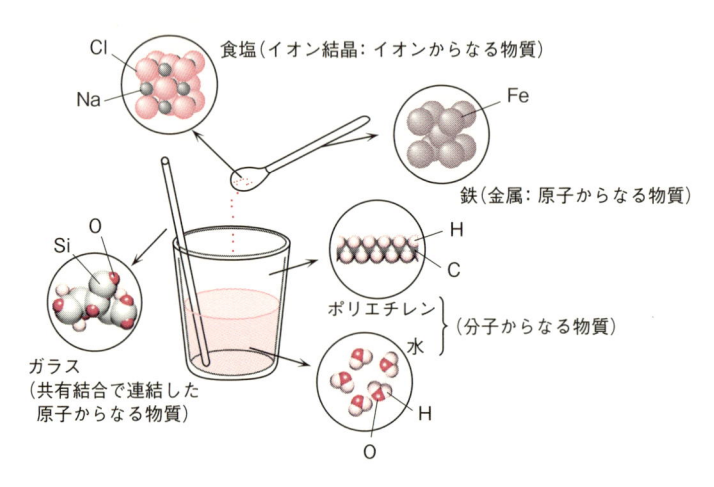

図2・9 身近な物質の成り立ち．石英ガラスはケイ素 Si と酸素 O が共有結合によって交互に連結した"原子からなる物質"であるが，普通に見られるガラス（ソーダ石灰ガラス）は，その結合がところどころ切断されて O が負電荷を帯び，ナトリウムイオン Na^+ やカルシウムイオン Ca^{2+} を含む構造をもっている．

2·2 光の性質

さて，私たちの身のまわりにある物質はすべて原子からできているが，それらは，分子からなる物質と，分子という構成単位をもたない物質の二つに分類することができる．第3章で詳しく述べるように，2個の原子は互いに電子を共有しあうことによって，連結することができる．これを**共有結合**といい，共有結合によってつながりあった原子の集合体が，**分子**である．たとえば，水は2個の水素原子Hと1個の酸素原子Oが，共有結合によって連結した分子である．私たちの身のまわりにあるプラスチックや繊維，さらに生体を構成するタンパク質や核酸は，数万個以上の原子が連結した巨大な分子からなっている．一方，分子という構成単位をもたない物質には，鉄や銅などの**金属**，および食塩などの**イオン結晶**などがある（図2·9）．

光と物質の関わりを考えるとき，その物質が，どのようにしてできているかを知ることは重要である．本書では次章以降，おもに分子からなる物質と光との関わりについて述べる．しかし，第9章で触れるように，光を用いた技術という観点からは，金属やイオン結晶と光との関わりが重要となる．光の粒子性が発見されたのも，光と金属の関わりに関する研究の過程であった．

■ 光電効果

金属は，原子が三次元的に秩序正しく配列した構造をもっている．金属原子がもつ電子の一部は，もとの原子から離れて，金属全体を自由に動き回っている．このような電子を**自由電子**とよぶ．金属原子がばらばらにならずに互い結びついているのは，自由電子がすべての金属原子に共有されることによるものである（図2·10）．

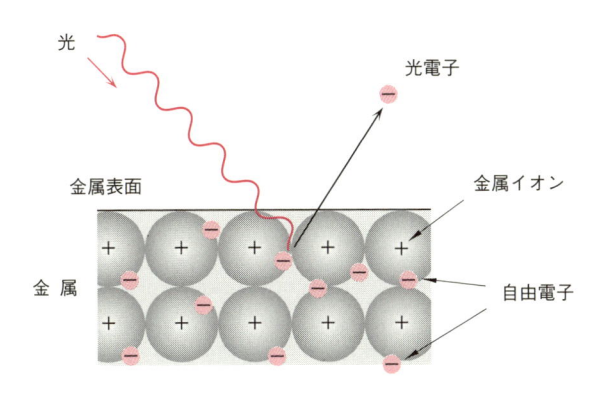

図 2·10　金属の構造と光電効果の模式図

さて，**光電効果**とは，金属に光を照射すると，金属の表面から自由電子が飛び出す現象をいう．飛び出した電子は**光電子**とよばれる．1887年，電磁波の研究をしていたヘルツは，電極に紫外線を照射すると，電極間の電圧が低下することを発見した．20世紀の初頭，ドイツの物理学者レーナルト（P. E. A. Lenard, 1862～1947）は，この現象が，光によって金属表面から負電荷をもつ粒子，すなわち電子が放出されることによるものであることを明らかにした．さらにレーナルトは，照射する光の強さや振動数と，放出される電子のエネルギーとの関係を詳しく調べた．

当時は光が電磁波であることが確立していたから，"光による周期的な電場の変化によって金属の自由電子が揺り動かされ，ある限界を超えると金属表面から放出されるのだろう．したがって，強い光を照射すれば，放出される光電子のエネルギーも増大するはずである．"　誰しもがそう考えた．しかし，レーナルトの実験結果はつぎのようなものであった（図2・11）．

> ❶ 電子の放出は，金属に特有なある振動数 ν_0 より大きい光でないと起こらない．振動数が ν_0 以下の光をいくら照射しても，電子は放出されない．
> ❷ 照射する光の振動数を大きくすると，飛び出す光電子の運動エネルギーが増大するが，光電子の数は変化しない．
> ❸ 振動数を一定にして強い光を照射すると，飛び出す光電子の数が増加するが，光電子1個あたりの運動エネルギーは変化しない．

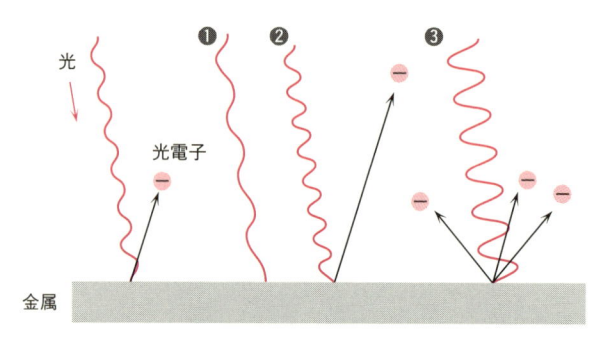

図2・11 レーナルトによる光電効果の実験．❶ある振動数以下の光では電子は放出されない．❷振動数の大きな光を照射すると，光電子の運動エネルギーが大きくなる．❸強い光を照射すると，光電子の数が増加する．これらの結果は，光を波と考えたのでは説明することができない．

波の強さは振幅に依存し,振幅の大きな強い波は大きなエネルギーをもっている.このことは,水面に立つさざ波と大津波を比べてみれば,容易に想像することができる.したがって,レーナルトの実験結果は,光を波と考えたのでは全く説明がつかないのである.

■ 光量子説の誕生

レーナルトによる光電効果の実験結果は,当時の物理学では理解することができなかった.これに対して,1905年,ドイツ生まれの米国の物理学者アインシュタイン (A. Einstein, 1879～1955) は,つぎのように考えることによって光電効果を説明した.

> 光は,多数の粒子の流れである.それぞれの粒子は,光の振動数 ν に比例したエネルギー $h\nu$ (h は比例定数) をもつ.

これをアインシュタインの**光量子説**という.光を粒子としてみるとき,その粒子を**光子**,あるいは**光量子**という.

金属に光を照射すると,金属の自由電子と光子の衝突が起こる.光子がもっていたエネルギー $h\nu$ はすべて電子に移り,光子は消滅する.電子は $h\nu$ のエネルギーを得るが,それが,金属表面から電子が飛び出すために必要なエネルギー W よりも大きい場合,電子は金属表面から飛び出す.W は**仕事関数**とよばれ,金属に特有な値

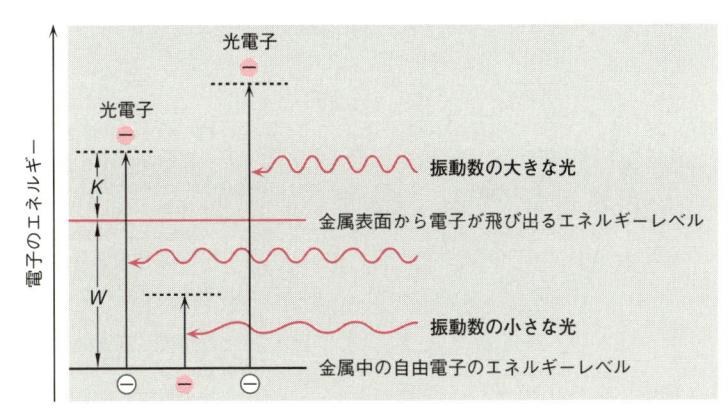

図 2・12 アインシュタインの光量子説による光電効果の説明.W は金属表面から電子が飛び出すために必要なエネルギー(仕事関数),K は飛び出した光電子がもつ運動エネルギーを表す.光子のエネルギー $h\nu$ が W よりも小さい場合には,電子は放出されない.

をとる．飛び出した光電子の運動エネルギーを K とすると，エネルギー保存の法則から (2·5)式が成り立つ．

$$h\nu = W + K \qquad (2\cdot 5)$$

強い光とは，光子の数が多いことを意味する．光子 1 個のエネルギーは振動数 ν によって $h\nu$ と決まっているから，それが W よりも小さい場合には，いくら強い光を照射しても電子を放出させることはできない．こうして，アインシュタインの光量子説では，レーナルトの実験結果を完全に説明できることがわかる（図 2·12）．

アインシュタインの光量子説によると，光のエネルギーは，必ず光子 1 個のエネルギー $h\nu$ の整数倍になる．すなわち，光のエネルギーは連続しているのではなく，とびとびの値をもつことになる．実は，このような光のエネルギーが不連続であるという考え方は，アインシュタインが光量子説を出す 5 年前の 1900 年に，ドイツの物理学者プランク（M. K. E. L. Plank, 1858～1947）が提唱したものであった．

19 世紀の終わりころ，高温に加熱した物体から放出される電磁波の振動数分布と，物体の温度との関係が研究されていた．英国の物理学者レイリー卿（Lord Rayleigh, 1842～1919）とジーンズ（J. H. Jeans, 1877～1946）は，当時の物理学に基づいて，物体の絶対温度 T と，その物体から放出される振動数 ν をもつ電磁波のエネルギー u との間には，(2·6)式の関係があること理論的に導いた．

$$u = \frac{8\pi\nu^2}{c^3}kT \qquad (2\cdot 6)$$

ここで，u は，物体から放出される単位体積，単位振動数あたりのエネルギー〔単位：

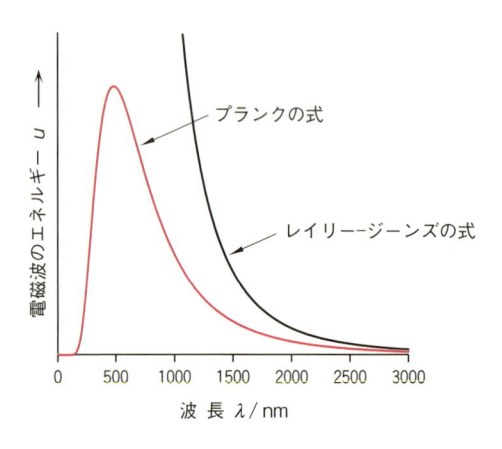

図 2·13 温度 T の物体から放出される電磁波のエネルギーの波長依存性（$T = 6000$ K）．振動数 ν とエネルギー u との関係を表すレイリー–ジーンズの式（(2·6)式）とプランクの式（(2·7)式）を，波長 λ と u との関係として図示した．レイリー–ジーンズの式では短波長領域が実験と全く一致しないが，プランクの式はすべての波長領域において，実験結果をよく再現した．

J m^{-3} Hz^{-1}]を表す量であり，cは光速（$c = 299\,792\,458$ m s^{-1}），kはボルツマン定数とよばれる定数（$k = 1.380\,649 \times 10^{-23}$ J K^{-1}）である．しかし，(2・6)式は実験結果を再現することはできず，光電効果と同様，この問題も当時の物理学では理解できないものであった．これに対してプランクは(2・7)式を提案し，実験結果を見事に説明した（図2・13）．

$$u = \frac{8\pi\nu^2}{c^3}\frac{h\nu}{e^{\frac{h\nu}{kT}}-1} \tag{2・7}$$

プランクは，この式が，"振動数 ν をもつ電磁波のエネルギーは，$h\nu$（h は比例定数）の整数倍しかとれない"と考えることによって，解釈できることに気づいた．こうしてプランクは，電磁波のエネルギーはとびとびの値しかとれないことを発見し，その最小単位 $h\nu$ を**量子**とよんだ．

このように，アインシュタインの光量子説は，プランクによる量子の発見を発展させたものであった．アインシュタインは，光電効果を説明する(2・5)式に現れる定数 h が，プランクが提案した h と同じものであると予測していたが，これは1916年に米国の物理学者ミリカン（R. A. Millikan, 1868〜1953）によって実験的に確認された．ミリカンは，さまざまな金属を用いて光電効果の実験を行い，飛び出す電子の運動エネルギー K と照射する光の振動数 ν の関係を調べた．その結果，(2・5)式が成り立つことが実証され，さらに実験から求めた定数 h の値は，プランクが(2・7)式から得た h とよく一致した．この定数は，量子の考え方を最初に導入したプランクの名をつけて，**プランク定数**とよばれている．現在では，プランク定数は定義された定数となり，厳密につぎの値に定められている．

$$h = 6.626\,070\,15 \times 10^{-34}\,\text{J s}$$

プランク定数 h の単位は J s（ジュール 秒）である．振動数 ν の単位が s^{-1} であるから，$h\nu$ はエネルギーの単位 J をもつことになる．

■ 光の波動性と粒子性

私たちの身近なエネルギーである重力による位置エネルギーや運動エネルギーを考えてみても，"エネルギーは不連続であり，とびとびの値だけをとる"ということを理解することは難しい．実際，プランクやアインシュタインの考え方は，当時の物理学には全くない革命的なものであった．しかし，実験事実はそれが正しいことを示していた．

2. 光とは何か

　光（電磁波）の性質について，もう一度考えてみよう．光は，反射，屈折，干渉，回折といった波としての性質を示し，そのふるまいは電磁気学の法則に従い，マクスウェルの方程式によって記述することができる．一方，光電効果において，金属中の自由電子と関わるときには，光は，振動数 ν に比例したエネルギー $h\nu$ をもつ粒子の集団としてふるまう．また，波のエネルギーは振幅に依存し，振幅は連続的に変化させることができるから，光のエネルギーは連続的であるように思われる．しかし，光量子説では，光のエネルギーは $h\nu, 2h\nu, 3h\nu, \cdots$ と，とびとびの値しかとらない．どうも波動性と粒子性は，相いれない性質のように思える．光の波動性と粒子性は，どのように折り合いをつけたらよいのだろうか．

　前節では，光は媒質のない真空中でも伝わることを述べた．一方で，光は物質の中も進むことができる．通信で利用されている光ファイバーでは，光はガラスやプラスチックの中を高速で伝わっていく．これらの物質も原子核と電子からできているが，光と物質との関わりにおいて，光電効果とはどこが違うのだろうか．

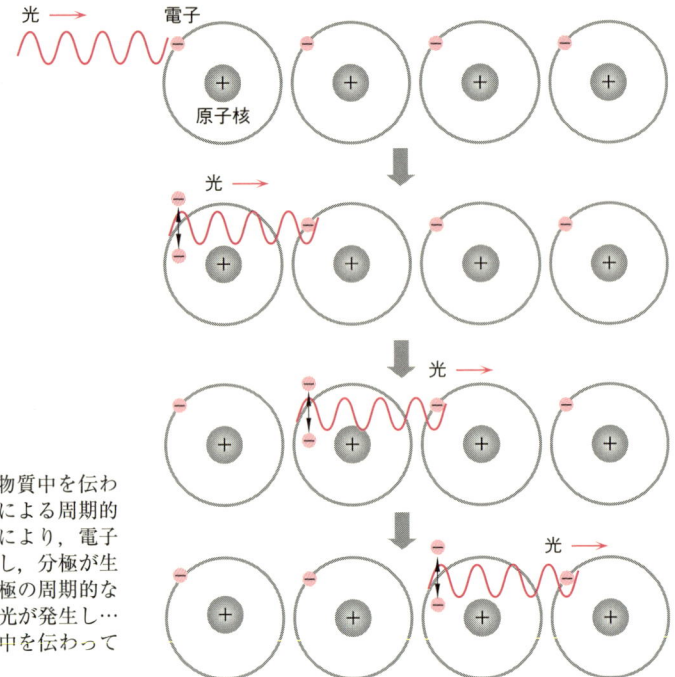

図 2・14　光が物質中を伝わるしくみ．光による周期的な電場の変動により，電子の位置が変化し，分極が生じる．その分極の周期的な変化によって光が発生し…と，光は物質中を伝わっていく．

2・2 光の性質

　図2・14に，光が物質の中を伝わっていくしくみを模式的に示した．物質に光があたると，光による周期的な電場の変化によって，物質を構成する電子の位置が変化する．これによって，原子の電荷分布にかたよりが生じる．これを**分極**という．分極が周期的に変動することによって，同じ振動数をもつ光が放出される．その光が，隣にある原子の電子の分極をひき起こし，それによって光が放出され，それがさらに隣にある原子の電子の分極をひき起こし…と，分極と光の放出が繰返され，光は物質中を伝わっていく．光による分極の誘起と光の放出は，光を粒子とみると，"電子が1個の光子を吸収すると同時に，1個の同じ振動数をもつ光子を放出する"と表現することができる．大きな分極をひき起こす物質ほど，その物質の中を進む光の速さは遅くなる．

　このように，光が物質の中を進むときには，光は物質を構成する電子と相互作用しながら進むが，結局，光のままであり，エネルギーの形態は変化しない．このことは，光が物質の表面に当たって反射したり，境界面で屈折したりする場合も同じである．これに対して，光電効果では，光は金属中の電子とエネルギーのやりとりをし，その結果，光のエネルギーは，電子を金属表面から飛び出させるエネルギーや電子の運動エネルギーに変化している．このように，光を波として見てよい場合と，粒子として見なければならない場合とでは，光と物質との関わりに質的な違いがあることがわかる．

　また，プランク定数 h の値がきわめて小さいので，次節で行う計算からわかるように，1個の光子のもつエネルギーはきわめて小さいことにも注意する必要がある．

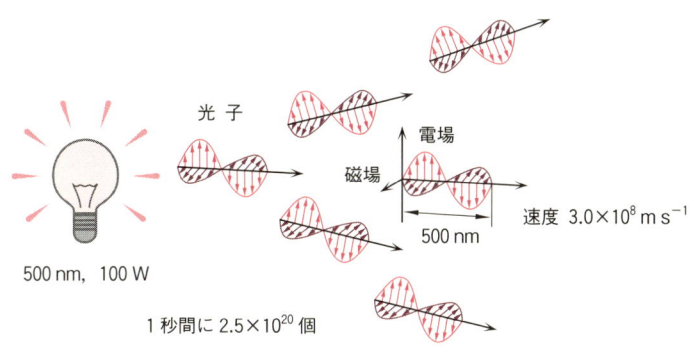

図2・15　粒子の流れとして見た光．光子は，1波長分の大きさをもち，電磁場の変動をエネルギーとする質量のない粒子とイメージすることができる．光子は，真空中を光速 c で移動する．なお，光子数の計算では，ランプに供給された電気エネルギーはすべて光子のエネルギーに変換されると仮定している．

私たちが日常生活で用いている光を粒子の流れとして見ると，たとえば波長500 nm の光を放出する100 W（ワット，$1\,\mathrm{W}=1\,\mathrm{J\,s^{-1}}$：1秒あたり放出されるエネルギーを表す）の電球からは，1秒間に実に2.5×10^{20}個の光子が放出されている計算になる（図2・15）．一般に，不連続であっても，不連続性の幅が小さければ，連続しているものと見なすことができる．このことは，確かに分子という不連続な粒子から成り立っている水も，私たちの日常生活では，連続した流体として取扱うことができることと似ている．

以上のことから，光の波動性と粒子性について，つぎのような理解を得ることができる．"光は，私たちの日常生活の視点，すなわち巨視的な視点からは，連続した波動現象として扱うことができる．しかし，原子や分子といった極微小の粒子とのエネルギーのやりとりを含む現象に対しては，光は不連続な粒子として扱わねばならない．"化学は，物質の成り立ちや性質を，その物質を構成する原子や分子の視点から解き明かす学問である．化学の視点から光と物質の関わりを調べる際には，光を粒子としてみなければならない理由がここにある．

光が，原子や分子のような極微小の粒子との関わりにおいて，粒子性を見せるのはなぜだろうか．それは，極微小の粒子のエネルギーが不連続になっているからにほかならない．しかし，プランクやアインシュタインが光の粒子性を発見したころには，この事実は知られていなかった．彼らの発見がきっかけになって，物質を構成する極微小の粒子のふるまいを記述する新たな物理学が成立するのである．これについては，第3章で述べることにしよう．

2・3 光のエネルギー

アインシュタインの光量子説により，光子1個のエネルギーは振動数のみに依存することが示された．本節では，光子がどの程度の大きさのエネルギーをもっているのかを実際に計算してみることにしよう．これによって，本書で"光"とよぶ特定の波長領域の電磁波だけが，物質に対して化学反応をひき起こすことができる理由が明らかになるだろう．

■ 光子1個のエネルギー

光量子説により，振動数νをもつ電磁波の光子1個のエネルギーEは，プランク定数hを用いて（2・8）式で与えられる．

$$E = h\nu \qquad (2・8)$$

電磁波の振動数 ν と波長 λ との間には，(2・4)式の関係があるから，光子1個のエネルギー E は (2・9)式のように表すこともできる．

$$E = \frac{hc}{\lambda} \qquad (2・9)$$

ここで c は光速である．(2・9)式からわかるように，光子のエネルギーは電磁波の波長 λ に反比例する．

たとえば，私たちの目には緑色に見える波長 500 nm の可視光の光子1個のエネルギーはつぎのように求めることができる．

$$E = \frac{(6.626 \times 10^{-34}\,\text{J s}^{-1}) \times (2.998 \times 10^{8}\,\text{m s}^{-1})}{500 \times 10^{-9}\,\text{m}} = 3.97 \times 10^{-19}\,\text{J}$$

同様に，殺菌灯などに用いられる波長 254 nm の紫外線では，光子1個のエネルギーは $E=7.82 \times 10^{-19}$ J となり，確かに可視光よりも大きなエネルギーをもっていることがわかる．

(2・8)式や (2・9)式は，すべての電磁波に適用できる．医療診断や物質の構造解析に用いられる X 線も電磁波であることはすでに述べたが，たとえば，高速の電子を銅 Cu に衝突させると発生する X 線の波長は 0.154 nm である．(2・9)式から，その光子1個のエネルギーを求めると $E=1.29 \times 10^{-15}$ J となり，X 線は可視光の数千倍のエネルギーをもっていることがわかる．

光子1個のエネルギーは非常に小さいので，単位として J のかわりに，**電子ボルト**（記号: eV）が用いられることが多い．1 eV は，"真空中において，電子1個が，電位差 1 V（ボルト）によって加速されるときに電子が得るエネルギー" と定義され，J と正確につぎの関係がある．

$$1\,\text{eV} = 1.602\,176\,634 \times 10^{-19}\,\text{J}$$

この単位を用いると，波長 500 nm の可視光のエネルギーは 2.48 eV，波長 0.514 nm の X 線のエネルギーは 8.05 keV（キロ電子ボルト: 1 keV=1000 eV）となる．

■ 1 mol の光

原子や分子が化学反応を起こすときには，反応にかかわる物質の粒子数に一定の量的関係があり，それは化学反応式の係数によって示される．たとえば，水素 H_2 と酸素 O_2 が反応して水 H_2O が生成するときには，つぎの化学反応式で示されるように，必ず水素分子2個と酸素分子1個が反応し，水分子2個が生成する．

$$2H_2 + O_2 \longrightarrow 2H_2O$$

このため，化学では，粒子数に着目して物質の量を表す**物質量**という概念が用いられる．物質量の単位はモル（記号：mol）であり，1 mol はつぎのように定義される．

> 正確に $6.022\,140\,76 \times 10^{23}$ の構成粒子（原子，分子，あるいは他の粒子）を含む物質の量を 1 mol という．

原子や分子は小さすぎて，1個や2個を取扱うことが難しいので，1 mol という集団を単位として取扱うのである．mol を用いると，上記の化学反応式で示された反応は，"水素 2 mol と酸素 1 mol が反応して，水 2 mol が生成する" と言い換えることができる．物質 1 mol あたりに含まれる構成粒子の個数は**アボガドロ定数** N_A とよばれる．すなわち，厳密につぎの関係がある．

$$N_\mathrm{A} = 6.022\,140\,76 \times 10^{23}\,\mathrm{mol}^{-1}$$

さて，次章以降で述べるように，光化学反応においても，光子と物質の構成粒子との間に量的関係が成り立つ．たとえば，分子1個は光子1個を吸収して，別の分子に変化する．このため，光は物質ではないが，光化学反応を解析する際には，光に物質量の考え方を適用する．

1 mol あたりの光子のエネルギーは，光子1個のエネルギー E にアボガドロ定数 N_A を乗じたものになる．たとえば，波長 500 nm の可視光の光子 1 mol あたりのエネルギーは，つぎのように求めることができる．

$$N_\mathrm{A}E = N_\mathrm{A}h\nu = \frac{N_\mathrm{A}hc}{\lambda}$$
$$= (6.02 \times 10^{23}\,\mathrm{mol}^{-1}) \times (3.97 \times 10^{-19}\,\mathrm{J}) = 239\,\mathrm{kJ\,mol}^{-1}$$

同様に，波長 254 nm の紫外線の光子 1 mol あたりのエネルギーは，471 kJ mol^{-1} と計算される．物質であれば，その質量をその物質のモル質量，すなわち 1 mol あたりの質量で割れば物質量を求めることができる．しかし，光子は質量をもたないエネルギーのかたまりなので，"振動数 ν の光が $N_\mathrm{A}h\nu$ の大きさのエネルギーをもつとき，それを 1 mol の光とする" のである．

なお，1 mol の光子がもつエネルギーを，光量子説を提案したアインシュタインの名をとって，**1アインシュタイン**（記号：E）とよぶ．たとえば，ある一連の光化学反応過程に全体で8個の光子が必要な場合，"この光化学反応過程に要する光のエネルギーは $8E$ である" という．これは，"この光化学反応過程に要する光の物質量は 8 mol である" と同じ意味である．

電磁波と物質の関わり

図2・16に，電磁波の種類と，それぞれの光子1 molあたりのエネルギーを示した．§2・1で述べたように，本書では"光"を，"波長がおよそ200 nmから800 nmの領域にある電磁波"とした．この波長領域の電磁波は，(2・9)式とアボガドロ定数 N_A から，光子1 molあたり，およそ150 kJ mol^{-1} から600 kJ mol^{-1} のエネルギーをもつことがわかる．光が物質に吸収されると，物質を構成する原子や分子は，このエネルギーを光子から受けることになる．この大きさのエネルギーは，原子や分子にとってどのような意味をもつのだろうか．

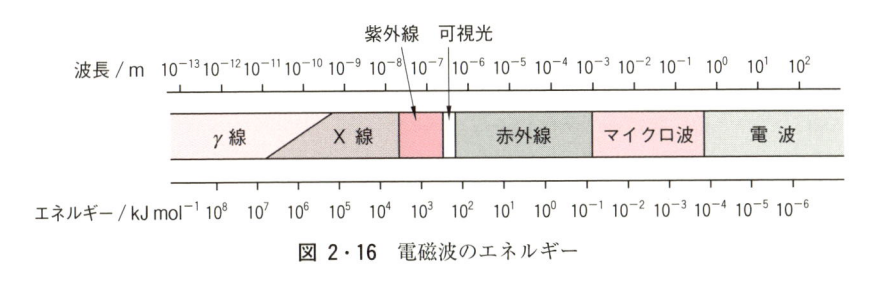

図 2・16 電磁波のエネルギー

表2・2に，いろいろな分子の結合解離エネルギーの値を示した．**結合解離エネルギー**は，"ある分子やイオンなどの特定の結合を解離させるために必要な最小のエネルギー" と定義される．これらの値をみると，光のエネルギーは，分子を形成する原子間の結合エネルギーと同じ程度の大きさであることがわかる．化学反応には必ず結合の解離が伴うから，光のエネルギーを受けた分子は，さまざまな化学反応をひき起こす可能性をもつことになる．

表 2・2 結合解離エネルギー D

結合	$D\,/\,\mathrm{kJ\,mol^{-1}}$	結合	$D\,/\,\mathrm{kJ\,mol^{-1}}$
H–H	432.1	CH$_3$–CH$_3$	366.4
Cl–Cl	239.2	CH$_3$–F	472
Br–Br	189.8	CH$_3$–Cl	342.0
HO–H	493.4	CH$_3$–Br	289.9
CH$_3$–H	431.8	CH$_3$–I	231

光より波長の長い電磁波，すなわち赤外線やマイクロ波を物質に吸収させても，結合を解離させるために十分なエネルギーが得られないから，化学反応は起こらない．なお，分子が赤外線を吸収すると，結合の振動が激しくなるため物質の温度が

上昇する．これが，赤外線が熱線とよばれる理由である．

一方，光より波長の短い電磁波，すなわちX線やγ線は，結合解離エネルギーよりもはるかに大きなエネルギーをもつ．これらを物質に照射すると，原子核の周囲を運動していた電子がたたき出され，原子や分子のイオン化が起こる．物質は変化するが，イオン化された分子を経由する反応であり，通常の化学反応とは異なる．X線やγ線が生体に発がんなどの影響を与えるのは，これらの電磁波によって，DNAなどの生体分子が損傷を受けるためである．

以上のように，電磁波と物質の関わりは，電磁波がもつエネルギーに応じてさまざまに異なっている．赤外線やマイクロ波，あるいはX線と物質との関わりについても，広い意味での光化学であるが，本書では触れない．次章以降，化学反応をひき起こすことができる波長領域の電磁波，すなわち本書でいう"光"と物質との関わりについて話を進めることにしよう．

3 電子のふるまい

　前章では，光には波動性と粒子性があり，光による物質の化学反応を考える際には，光は粒子とみる必要があることを述べた．今度は，光と物質の関わりを物質の立場からみてみよう．光と物質の関わりを原子・分子の視点から理解するためには，原子・分子を構成する電子のふるまいについて，ある程度の知識が必要となる．本章では"電子は粒子ではあるが，波としての性質をもつ"ということを述べなければならない．

3·1 電子の粒子性と波動性

　光と物質の関わりは，微視的にみると，光子と物質を構成する粒子との関わりである．光子は電場と磁場の変動をエネルギーとしてもつので，物質を構成する粒子のうちで，電荷をもち質量がきわめて小さい電子が，光子の影響を最も大きく受けることになる．本節では，光と分子の関わりを理解するために，まず電子のふるまいについて，その概要を述べる．原子核の周囲を回っている電子のふるまいを，人類が正しく理解することができたのは，光の粒子性が発見されたあとのことであった．

■ 水素原子のスペクトル

　前章で述べたように，太陽光は連続的に変化するさまざまな波長の光からなっている（図2·1）．また，プランクが解析に成功した高温の物体が発する電磁波も，広い波長領域に連続的に分布している（図2·13）．これに対して，真空にしたガラス管に微量の気体を封入して高電圧をかけると，気体によって異なる色の発光が見られるが，この光は，不連続な特定の波長をもつ光からなっている．たとえば，水素を封じたガラス管（水素放電管）からは，可視光の領域に 656, 486, 434, 410 nm の発光が観測される（図3·1）．これは，陰極から発生した高速の電子と水素分子の衝突によって水素分子の解離が起こり，生じた高エネルギーの水素原子が発する光である．このような不連続のスペクトルを，**輝線スペクトル**という．この現象は19世

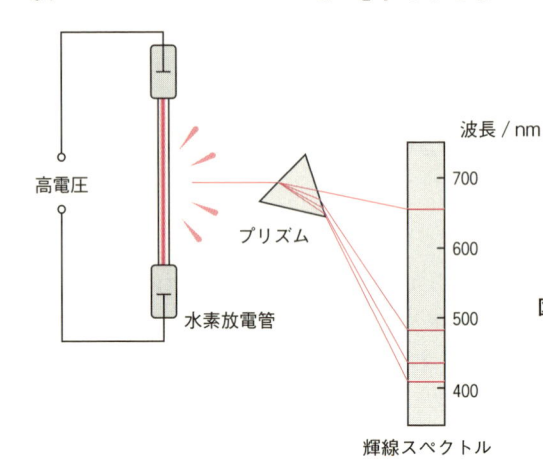

図 3・1 水素原子のスペクトルを測定する実験の模式図．水素放電管から発せられた光は，不連続な輝線スペクトルを与える．

紀から知られていたが，これもまた，当時の物理学では説明できないものであった．

また，20 世紀初頭には，物質を構成する原子の構造についても理解が進んだが，まだ問題が残されていた．前章の図 2・8 に示したヘリウム原子 He のモデルや図 3・2 の水素原子 H のモデルは，ニュージーランド生まれの英国の物理学者ラザフォード（E. Rutherford, 1871〜1937）が，1911 年に提案した原子模型に基づいたものである．ラザフォードは彼自身の実験に基づいて，"原子の正電荷は，原子の中心のきわめて小さい領域に集中しており，その周囲を電子が運動している"と考えた．ラザフォードの推定は正しかったが，このモデルには電子のふるまいにおいて，つぎのような問題点があった．

- マクスウェルの電磁気学によると，運動する電荷をもった粒子からは電磁波が放出される．したがって，電子はしだいにエネルギーを失って原子核に引き寄せられ，陽子とともに消滅してしまうはずである．

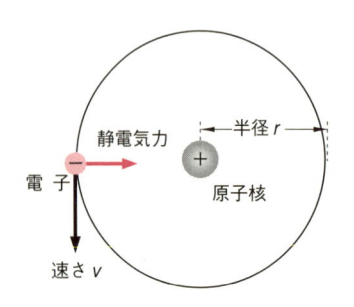

図 3・2 水素原子のモデル．水素原子は，陽子 1 個だけを含む原子核と電子 1 個からなる．しかし，このモデルでは，安定な原子の形成や輝線スペクトルは説明できない．

- 電子の運動に伴って放出される電磁波のエネルギーは連続的に変化するので，原子から放出される電磁波のスペクトルも連続的になるはずである．

このような状況において，1913 年，デンマークの物理学者ボーア（N. H. D. Bohr, 1885〜1962）は，つぎのような仮定を設けることによって，水素原子の輝線スペクトルを説明した．

> 原子核の周囲を回る電子は，特定の軌道のみをとることができる．この軌道を運動する電子は，電磁波を放出することなく安定に存在する．

ボーアの仮説は，(3・1)式のように書くことができる．

$$mvr = \frac{h}{2\pi} \cdot n \quad (n=1, 2, 3, \cdots) \tag{3・1}$$

ここで，m は電子の質量（$m \approx 9.109\,382 \times 10^{-31}$ kg），v は電子の速さ，h はプランク定数である．n を自然数として，"電子は (3・1) 式を満たす特定の半径 r をもつ円軌道しかとることができない"とするのである．以下に示すように，この式は，"電子のエネルギーはとびとびの値しかとらない"ということを意味している．すなわち，ボーアの仮説は，"電磁波のエネルギーは不連続である"とするプランクの理論やアインシュタインの光量子説を発展させたものであった．(3・1)式に現れる自然数 n を**量子数**といい，また，特定の軌道を運動する安定した状態にある電子のエネルギーを**エネルギー準位**という．

さらにボーアは，"1 個の電子がある状態から別の状態へ移るとき，そのエネルギー準位の差に相当するエネルギーをもつ 1 個の光子が吸収，あるいは放出される"と考えた（図 3・3）．このように光の吸収，あるいは放出を伴って電子の状態が変化することを，**電子遷移**という．ある状態の量子数を n とし，それよりもエネルギー

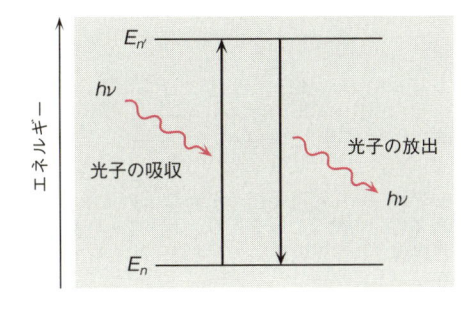

図 3・3 電子のエネルギー準位と光の吸収・放出．E_n と $E_{n'}$ はそれぞれ，量子数 n, n' で表される状態のエネルギー準位を表す．ν は，吸収，あるいは放出される光の振動数を表す．

の高い状態の量子数を n' とすると，電子遷移によって放出，あるいは吸収される光子の振動数 ν は，(3・2)式の関係を満たす．

$$h\nu = E_{n'} - E_n \tag{3・2}$$

ここで，E_n と $E_{n'}$ はそれぞれ，量子数 n と n' をもつ状態のエネルギー準位を表す．

ボーアは，図3・2が示すように水素原子核の周囲を回る電子を，等速で円運動する電荷をもった粒子として扱い，(3・1)式の仮説を用いることにより，(3・3)式，および (3・4)式を導いた．

$$r_n = \frac{\varepsilon_0 h^2}{\pi m e^2} \cdot n^2 \tag{3・3}$$

$$E_n = -\frac{me^4}{8\varepsilon_0^2 h^2} \cdot \frac{1}{n^2} \quad (n=1, 2, 3, \cdots) \tag{3・4}$$

r_n と E_n はそれぞれ，電子がとることのできる特定の軌道の半径とエネルギー準位を表す（図3・4）．e は電子1個がもつ電気量（$e=1.602\,176\,634\times10^{-19}$ C: クーロン），ε_0 は真空の誘電率（$\varepsilon_0 \approx 8.854\,188\times10^{-12}$ C V^{-1} m^{-1}）である．(3・4)式と (3・2)式の仮説から，水素原子に含まれる電子が，量子数 n' の状態から量子数 n の状態へ移る際に放出される光の波長 λ は，(3・5)式で与えられる．

$$\frac{1}{\lambda} = \frac{E_{n'}-E_n}{hc} = R\left(\frac{1}{n^2}-\frac{1}{n'^2}\right) \quad \text{ここで，} R = \frac{me^4}{8\varepsilon_0^2 h^3 c} \tag{3・5}$$

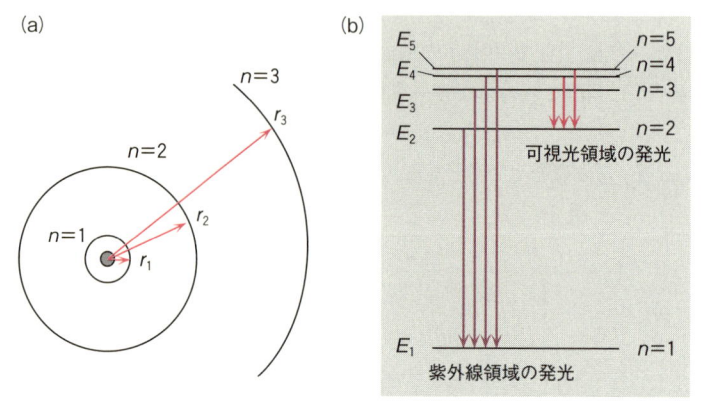

図 3・4 ボーアによる水素原子のモデル．(a) 軌道半径．水素原子の電子は，量子数 n ($n=1, 2, 3, \cdots$) で記述される特定の軌道のみをとる．(b) エネルギー準位と電子遷移．水素放電管により観測される輝線スペクトルは，エネルギー準位間の電子遷移により説明される．

ボーアが (3・5)式から理論的に予測した定数 $R \approx 1.097\,373 \times 10^7\,\mathrm{m}^{-1}$ は,水素放電管の輝線スペクトルから実験的に求められた値とよく一致した.この定数は,さまざまな原子のスペクトルを研究したスウェーデンの物理学者リュードベリ (J. R. Rydberg, 1854~1919) の名をとって,**リュードベリ定数**とよばれる.たとえば,先に述べた可視光領域に観測される 656, 486, 434, 410 nm の発光は,それぞれ $n'=3, 4, 5, 6$ の状態から $n=2$ への状態への電子遷移として,(3・5)式から計算される光の波長と完全に一致する.紫外線領域や赤外線領域に観測される輝線スペクトルも,すべて (3・5)式で解析することができた.こうして,ボーアは (3・1)式と (3・2)式を仮定することにより,水素原子のスペクトルを見事に説明したのである.

■ 電子の波動性の発見

ボーアの理論は実験事実をよく説明したが,"なぜ,電子は特定の軌道だけを運動するのか.なぜ,水素原子核の周囲を運動する電子のエネルギーはとびとびの値をとるのか" という疑問については答えることができなかった.これに対して,1924年,フランスの物理学者ド・ブロイ (L. V. de Broglie, 1892~1987) は,"波動である光が粒子性をもつのであれば,電子のような粒子も波動性をもつはずである" と考え,この疑問に解答を与えた.ド・ブロイは,電子の粒子性と波動性を結びつける式として,(3・6)式を提唱した.

$$\lambda = \frac{h}{mv} \tag{3・6}$$

ここで,m は電子の質量,v は速度,λ は電子を波としてみたときの波長である.

電子の波動性を理解するために,ギターの弦のように,両端を固定した弦に生じる波について考えてみよう.このような弦に生じる波は移動しないので,**定常波**と

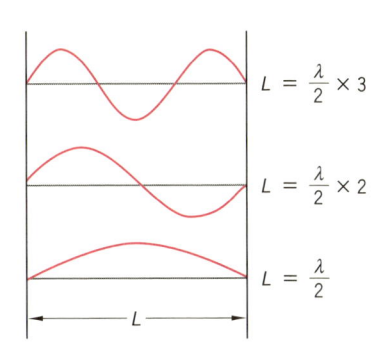

図 3・5 弦に生じる定常波.両端が固定されているため,弦の長さ L と定常波の波長 λ の間には,次式の関係が成立する.
$$L = \frac{\lambda}{2} \times n \quad (n=1, 2, 3, \cdots)$$

よばれる．この場合，両端が固定されているため，図 3・5 からわかるように，定常波の波長と弦の長さの間には一定の関係が成立する．すなわち，定常波の波長は自由な値をとることができず，とびとびの値しかとることができないのである．同様に，水素原子核の周囲を運動する電子が波であれば，定常波となるために，軌道の円周は波長の整数倍でなければならない（図 3・6）．

$$2\pi r = n\lambda \quad (n=1, 2, 3, \cdots) \quad (3\cdot 7)$$

ここで，r は軌道の半径を表す．(3・7) 式とド・ブロイが提案した (3・6) 式から，ボーアの仮定した (3・1) 式を導くことができる．すなわち，ボーアの仮説は，"電子は波としての性質をもっている" と考えると，合理的に説明できるのである．

波としてみた電子の波長は，どれくらいの長さだろうか．陰極と陽極の間に電圧をかけると，陰極から高速で運動する電子の流れ（電子線という）が発生する．たとえば，電極間に電圧 100 V をかけて電子を加速すると，その速度は 5.93×10^6 m s^{-1} 程度となる．したがって，(3・6) 式からその波長 λ は

$$\lambda = \frac{6.626 \times 10^{-34}\,\text{J s}}{(9.109 \times 10^{-31}\,\text{kg}) \times (5.93 \times 10^6\,\text{m s}^{-1})} = 1.23 \times 10^{-10}\,\text{m}$$

と求められる．すなわち，前章の図 2・7 を参照すると，この電子は X 線程度の波長をもつことがわかる．

ド・ブロイによる電子の波動性の発見は，光の粒子性の発見と同様，当時の物理学では理解できない革命的なものであった．しかし，ド・ブロイの発見から 3 年後の 1927 年，英国の物理学者トムソン（G. P. Thomson, 1892〜1975）と米国の物理学者デイビソン（C. J. Davisson, 1881〜1958）は独立に，金属結晶に照射した電子線が X 線と同様に，回折と干渉を示すことを確認した．前章で述べたように，回折と干渉は，波が示す特有の性質である．こうして，電子は確かに質量をもつ粒子であるが，それと同時に波としての性質を示すことが，実験的にも確認されたのである．

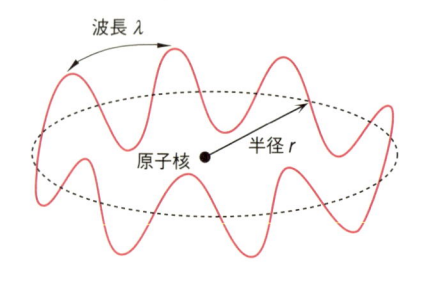

図 3・6　定常波によるボーアの仮説の説明．軌道の円周 $2\pi r$ が波長 λ の整数倍に等しくないと，定常波にならない．

3·1 電子の粒子性と波動性　39

■ シュレーディンガー方程式

　私たちの身のまわりにある物体は，惑星などの巨大な物体も含めて，17世紀後半にニュートンが確立した古典力学の法則に従って運動している．しかし，ボーアやド・ブロイらにより，電子は粒子でありながら波動性をもち，エネルギーはとびとびの値をとることが明らかにされた．このような粒子のふるまいは，古典力学では説明することができない．

　1926年，オーストリアの物理学者シュレーディンガー（E. Schrödinger, 1887〜1961）は，波動性をもつ粒子のふるまいとエネルギーを一般的に記述する方程式の導出に成功した．彼の提案した方程式を**シュレーディンガー方程式**という．この方程式によって，原子核や電子といった極微小の粒子が示すさまざまな現象を解析することが可能になった．極微小の世界では，粒子がもつエネルギーなどの物理量は不連続になっている．このような考え方に基づいて，極微小の世界を扱う物理学の分野を**量子力学**という．

　水素原子の電子に関するシュレーディンガー方程式は，数学的に解くことができる．本書ではその詳細には立ち入らないが，次節以降で，分子を取扱うために必要なことだけをまとめておくことにしよう．

❶ シュレーディンガー方程式を解くと，電子のふるまいを記述する関数と，それに対応するエネルギーが得られる．その関数を**波動関数**といい，一般に $\varPsi$（プサイと読む）で表す．

❷ 波動関数はつぎのような意味をもっている．

> 空間のある点 (x, y, z) において，波動関数が $\varPsi(x, y, z)$ の値をとるとき，その点を含む微小な領域 ΔV に電子が存在する確率は，$\varPsi(x, y, z)^2 \Delta V$ に比例する．

　すなわち，"電子は波動性をもつので，観測する前には，その位置を正確に特定することはできない．しかし，電子が存在する可能性のある領域を示すことはでき，それが波動関数の二乗 $\varPsi^2$ によって表される"ということである．図3·7に，水素原子の電子について，最も低いエネルギーを与える波動関数 $\varPsi$ から得られた電子の存在確率の分布を示した．図3·7(a) は，$\varPsi^2$ の分布を模式的に表したものであり，電子は原子核を中心に球状に分布し，原子核の近傍が最も存在確率が高いことがわかる．図3·7(b) は原子核からの距離 r に対する**動径分布関数** $D(r)$ の変化を示している．$D(r)$ は次式で定義され，半径 r の球面上に電子が存在する確率を表す．

$$D(r) = 4\pi r^2 \Psi^2 \qquad (3\cdot 8)$$

$D(r)$ は原子核からの距離 $r=a_0$ のときに最大となり，その a_0 は次式で与えられる．

$$a_0 = \frac{\varepsilon_0 h^2}{\pi m e^2} \qquad (3\cdot 9)$$

a_0 は，ボーアが仮説に基づいて導いた特定の軌道の半径 r_n を表す (3・3)式に，$n=1$ を代入したものと見事に一致している．こうして，シュレーディンガー方程式により電子のふるまいが数式で記述されたことによって，ボーアの水素原子モデルのもつ意味が明らかになったのである．(3・9)式の定数に数値を入れると，

$$a_0 \approx 5.291\,772 \times 10^{-11}\,\text{m}$$

が得られる．この長さは**ボーア半径**とよばれ，原子を扱う場合の長さの単位としてしばしば用いられる．

❸ シュレーディンガー方程式の解としていくつかの波動関数 Ψ が得られるが，それぞれは，**量子数**とよばれる 3 個の整数 n, l, m で特徴づけられる．これは，方程式を解く過程で現れるものであり，図 3・5 と同様な考え方により，これらの整数によって波動関数は定常波を表す関数となる．一組の量子数 n, l, m で表される波動関数は，それぞれが水素原子核の周囲を運動する電子のふるまいを記述する関数であり，**原子軌道関数**，あるいは単に**原子軌道**とよばれる．3 個の量子数 n, l, m は，つぎのような意味をもっている．

- n は**主量子数**とよばれ，整数値 $1, 2, 3, \cdots$ をとる．n は原子軌道の大きさとエネルギーを決める．

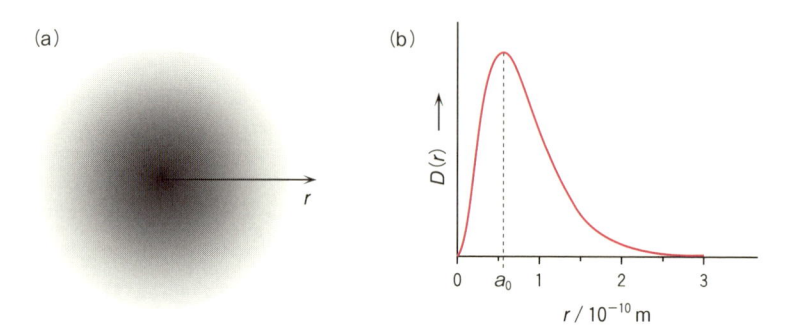

図 3・7 水素原子における最もエネルギーの低い原子軌道(1s 軌道)の電子分布．(a) 電子分布の模式図．濃い部分は電子の存在確率が高い領域を表す．原子核からの距離 r が増大すると，存在確率は急速に減少する．(b) r による動径分布関数 $D(r)$ の変化．

3・1 電子の粒子性と波動性

- l は**方位量子数**とよばれ, 0 から $n-1$ までの整数をとる. l は原子軌道の形状を決める. 慣用的に, $l=0$ の原子軌道を s 軌道, $l=1$ の原子軌道を p 軌道, $l=2$ の原子軌道を d 軌道, $l=3$ の原子軌道を f 軌道とよぶ.
- m は**磁気量子数**とよばれ, $-l$ から l までの $(2l+1)$ 個の値をとる. m は空間における原子軌道の向きを決める.

表 3・1 に, 主量子数 n が 1 から 3 までの原子軌道について, 量子数と原子軌道の関係を示した.

表 3・1 量子数と原子軌道の関係

n	l	m	軌道の数	原子軌道の表記
1	0	0	1	1s
2	0	0	1	2s
	1	$-1, 0, 1$	3	$2p_x, 2p_y, 2p_z$
3	0	0	1	3s
	1	$-1, 0, 1$	3	$3p_x, 3p_y, 3p_z$
	2	$-2, -1, 0, 1, 2$	5	$3d_{xy}, 3d_{yz}, 3d_{zx}, 3d_{x^2-y^2}, 3d_{z^2}$

❹ 原子軌道の形状は方位量子数 l で決まるが, その形状を表記する際には, 一般に**境界面表示**が用いられる. 図 3・7 (a) に示したように電子は空間に広がって分布しているが, たとえば 90 % の確率で電子が存在する領域を示したものが境界面表示である. これによって, 原子軌道が広がっている方向, すなわちその軌道を占める電子の存在確率が高い方向を把握することができる. 図 3・8 に s 軌道, p 軌道, および d 軌道の形状を境界面表示によって示した. s 軌道は球状であるのに対して, p 軌道や d 軌道は方向性をもっている. さらに, p 軌道や d 軌道には, 電

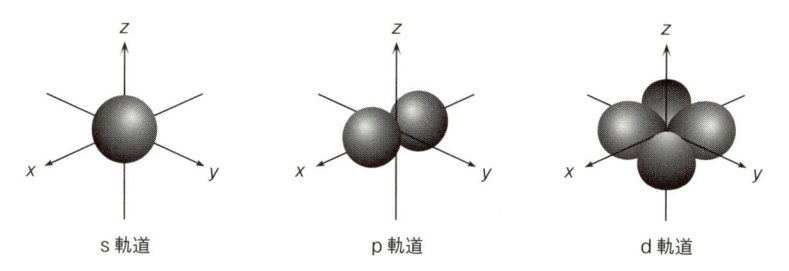

図 3・8 原子軌道の境界面表示. p 軌道は p_x 軌道, d 軌道は d_{xy} 軌道が描かれている. p_x 軌道は yz 面が, また d_{xy} 軌道は xz 面と yz 面が節面になっている.

子の存在確率がゼロとなる面（**節面**という）が存在する．節面は，図 3・5 に示した弦の波では，弦の変位がゼロとなる点に対応する．

❺ 水素原子における電子のエネルギーは，原子軌道の主量子数 n だけで決まり，シュレーディンガー方程式からつぎのように求められる．

$$E_n = -\frac{me^4}{8\varepsilon_0^2 h^2} \cdot \frac{1}{n^2} \tag{3・10}$$

これもまた，ボーアが導いた (3・4) 式と見事に一致している．$n=1$ の状態は最もエネルギーが低く，安定な状態である．この状態を**基底状態**という．それ以外の状態 $n=2, 3, \cdots$ は基底状態よりもエネルギーの高い不安定な状態であり，**励起状態**とよばれる．水素原子の発光は，励起状態にある電子が，それよりエネルギーの低い励起状態か，あるいは基底状態に遷移する際に放出される光である．

■ 原子の電子配置

水素原子については，その電子のふるまいをシュレーディンガー方程式によって正確に記述することができた．しかし，それ以外の原子については，シュレーディンガー方程式を解くことができない．これは，水素原子では一組の原子核と電子の関係を扱うだけでよかったのに対して，複数個の電子が存在する水素以外の原子では，電子と他の電子の間にはたらく力も考慮しなければならないためである．

しかし，その後の研究から，"原子核がもつ正電荷の大きさを調整することによって，他の電子の影響を取込む" という近似を用いると，水素以外の原子についてもシュレーディンガー方程式を解くことができ，水素原子について求めた原子軌道が

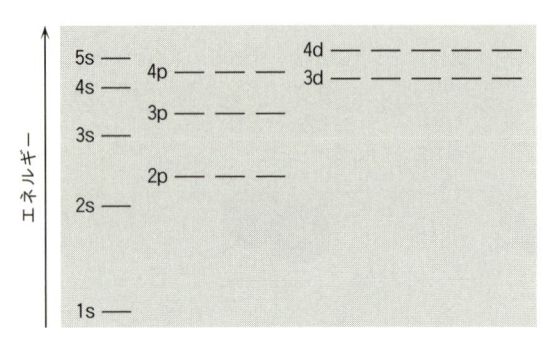

図 3・9　一般的な原子における原子軌道のエネルギー準位．
エネルギー準位は，主量子数 n と方位量子数 l に依存する．
横に引いた線のそれぞれが，1 個の軌道を表している．

そのまま使えることが判明した．ただし，水素以外の原子では，電子のエネルギーは主量子数 n だけではなく，方位量子数 l にも依存する．図 3・9 に，一般的な原子における原子軌道のエネルギー準位を定性的に示した．

たとえば，炭素原子は 6 個の電子をもつので，図 3・9 に示された原子軌道に対して 6 個の電子を配置することにより，炭素原子における電子のふるまいを記述することができる．電子が原子軌道にどのように分布しているかを，その原子の**電子配置**という．最も安定なエネルギーをもつ電子配置，すなわち基底状態の電子配置は，つぎの一般則によって求めることができる．

❶ 電子はエネルギーの低い原子軌道から順に収容される．
❷ 一つの原子軌道には，最大 2 個の電子しか収容されない．この規則は，1925 年にこの規則を最初に提案したスイスの化学者パウリ（W. E. Pauli, 1900～1958）の名をつけて，**パウリの排他原理**とよばれている．1920 年代前半には，電子には微小な磁石としての性質があることが知られていた．これは，負電荷をもつ電子が自転することによるものとイメージすることができ，**電子スピン**とよばれる（図 3・10）．自転の方向が右回りと左回りの 2 通りあることに対応して，電子スピンも 2 通りの状態をとることができる．それぞれは，一般に，上向きスピン↑，および下向きスピン↓と記述される．パウリの排他原理は，"一つの原子軌道には，スピンの向きが異なる 2 個の電子しか収容できない"というものであった．
❸ 同じエネルギーをもつ原子軌道では，可能な限り，電子は 1 個ずつ別々の軌道にスピンの向きをそろえて収容される．この規則は，最初に提唱したドイツの物理学者フント（F. H. Hund, 1896～1997）の名をつけて，**フントの規則**とよばれている．

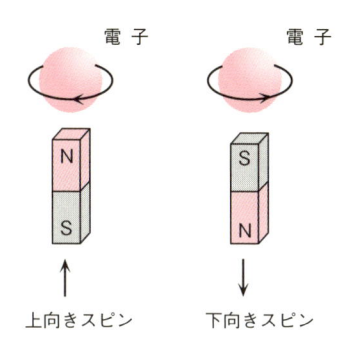

図 3・10 電子の自転による電子スピンの概念図．電子は微小な磁石としての性質をもち，それは回転する電子によって生じる磁場によるものとイメージすることができる．

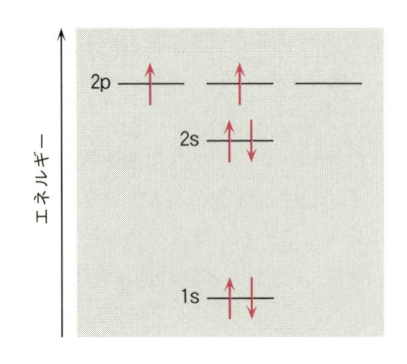

図 3・11 炭素原子の基底状態の電子配置．矢印は電子を示し，上向き矢印と下向き矢印は，電子がそれぞれ異なるスピン状態をもつことを表している．

これらの規則を用いると，6個の電子をもつ炭素原子の基底状態の電子配置は，図 3・11 のように表すことができる．また，この電子配置をつぎのように表記する場合もある．

$$1s^2 2s^2 2p^2 \quad \text{あるいは} \quad 1s^2 2s^2 2p_x^1 2p_y^1$$

ここで，$1s^2$ は"イチ エス ニ"と読み，1s 軌道に電子が 2 個収容されていることを表す．

このようにして得られた原子の電子配置によって，それぞれの原子が示す化学的性質や，元素の性質が原子番号とともに周期的に変化することが見事に説明される．次節にも述べるように，シュレーディンガー方程式によって原子の電子状態が記述できるようになったことは，化学という学問の体系化に大きな役割を果たしたのである．

3・2 分子の電子状態

量子力学によって，原子核や電子のような極微小の粒子のふるまいを数学的に記述することが可能になった．量子力学は直ちに化学に応用され，量子力学を基礎として，分子の電子状態や分子と光や磁場との相互作用，あるいは化学反応などを理論的に取扱う学問が創始され，現在も発展している．このような化学の学問領域を，**量子化学**という．現在では，物質を扱う無機化学や有機化学においても，量子化学に基づいて，実験結果の解析や予測，さらには新物質の設計・開発などが日常的に行われている．その際には，原子の性質を原子軌道に基づいて理解したように，分子の性質を，それを構成する電子のふるまいを記述した分子軌道に基づいて理解するのである．本節では，光と分子の関わりを理解するために必要な分子軌道の考え方について，その概要を説明する．

3・2 分子の電子状態

■ 共有結合と分子軌道

　原子がつながって分子を形成するしくみを最初に提案したのは，1916 年，米国の化学者ルイス（G. N. Lewis, 1875～1946）であった．ルイスは，"2 個の原子は 2 個の電子，すなわち電子対を共有することによって結合する"として，さまざまな分子の形成を説明した．このような結合を**共有結合**という．たとえば，2 個の水素原子 H・（・は電子を表す）はそれぞれがもつ電子を 1 個ずつ出し合い，2 個の電子を共有することによって共有結合を形成し，水素分子 H_2 となる．

$$H\cdot + \cdot H \longrightarrow H:H \quad \text{あるいは} \quad H-H$$

共有結合では，共有された電子対のそれぞれの電子は，2 個の原子核に引きつけられている．この静電的な引力が 2 個の原子を結びつけているのである．

　シュレーディンガーが水素原子の原子軌道を発表した翌年の 1927 年には，早くも，ドイツの物理学者ハイトラー（W. H. Heitler, 1904～1981）と米国の物理学者ロンドン（F. London, 1900～1954）が，量子力学を用いて水素分子を取扱い，その安定性を理論的に説明することに成功した．ハイトラーとロンドンは，シュレーディンガー方程式から得られた水素原子の 1s 軌道を用いて，"電子はそれぞれの原子軌道を占有し，電子を交換した状態を足し合わせたものが水素分子である"と考え，水素分子の波動関数を記述した（図 3・12(a)）．このようにして分子の波動関数を

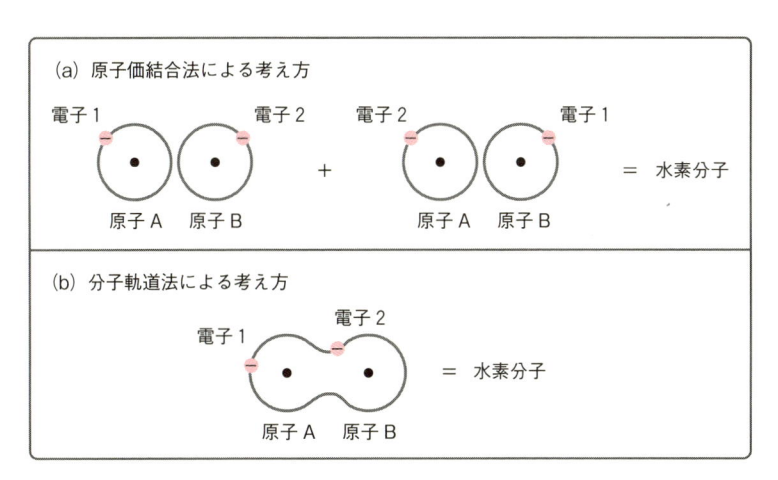

図 3・12 水素分子の波動関数を記述する方法．(a) 原子価結合法では，"電子は原子軌道を占有しており，電子を交換した状態を足し合わせたものが分子である"と考える．(b) 分子軌道法では，"電子は原子軌道から形成される分子軌道を占有している"と考える．

求める考え方を，**原子価結合法**という．

ハイトラーとロンドンの理論は水素分子については成功を収めたが，より大きな分子に対して適用することが困難であった．これに対して，"電子は，原子軌道の足し合わせによって形成される分子全体に広がった**分子軌道**を占有する"と考えて，分子の波動関数を求める方法が提案された（図 3・12(b)）．この方法は**分子軌道法**とよばれ，汎用性も高いことから，現在ではこの方法がおもに用いられている．

分子軌道法では，まず分子軌道 Ψ を組立てるための原子軌道 $\phi_1, \phi_2, \phi_3, \cdots, \phi_n$（$\phi$ はファイと読む）を用意し，次式のように，その足し合わせによって分子軌道を記述する．

$$\Psi = c_1\phi_1 + c_2\phi_2 + c_3\phi_3 + \cdots + c_n\phi_n \tag{3・11}$$

$c_1, c_2, c_3, \cdots, c_n$ は原子軌道係数とよばれ，それぞれは分子軌道 Ψ における原子軌道 $\phi_1, \phi_2, \phi_3, \cdots, \phi_n$ の寄与の程度を表している．本書では詳細には述べないが，Ψ をシュレーディンガー方程式に代入して解くことにより，$c_1, c_2, c_3, \cdots$ の組とエネルギーが求められる．分子軌道を組立てるために n 個の原子軌道を用いれば，n 個の分子軌道が得られる．また，分子の構造は，その分子を構成する電子のエネルギーが分子全体として最も小さくなるように決められる．

このようにして得られた分子軌道 Ψ は，原子における原子軌道と同様に，分子を構成する電子のふるまいを記述したものであり，Ψ^2 はその分子軌道を占有している電子の存在確率の分布を表す．分子軌道法を用いて，水素分子 H_2 を取扱ってみよう．H_2 の分子軌道を 2 個の水素原子の 1s 軌道 $\phi_A(1s)$ と $\phi_B(1s)$ から組立てると，次式に示す二つの分子軌道 Ψ_1，および Ψ_2 が得られる．分子軌道 Ψ_1 の方が，分子軌道 Ψ_2 よりもエネルギーが低い安定な軌道である．

$$\Psi_1 = N_1(\phi_A(1s) + \phi_B(1s)) \tag{3・12}$$

$$\Psi_2 = N_2(\phi_A(1s) - \phi_B(1s)) \tag{3・13}$$

ここで N_1 と N_2 は，全空間における電子の存在確率が 1 になるように決められる定数であり，**規格化定数**とよばれる．分子にもパウリの排他原理が適用され，分子軌道 Ψ_1 を 2 個の電子が占有した状態が，水素分子の基底状態の電子配置である．

図 3・13 に，水素分子の分子軌道の形状と，基底状態の電子配置を示した．分子軌道 Ψ_1 は，分子軌道を組立てた水素原子の 1s 軌道よりも低いエネルギーをもっており，このような安定化された軌道を**結合性軌道**という．この安定化は，2 個の原子核の間に電子が存在することによって，原子核間の反発が低下したことによるものである．こうして，ルイスの共有結合の概念は，分子軌道法を用いると，"2 個の

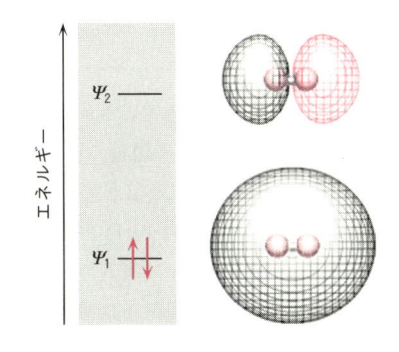

図 3・13 水素分子 H_2 の分子軌道の形状と基底状態の電子配置．それぞれの分子軌道において，電子の存在確率が高い領域が示されている．Ψ_2 において分子軌道の色が異なる部分は，波動関数の符号が異なっていることを表している．

原子軌道から形成される安定化された結合性軌道に，2個の電子が収容された"と理解することができる．

　一方，分子軌道 Ψ_2 は，水素原子の 1s 軌道よりも高いエネルギーをもつ軌道であり，このような軌道は**反結合性軌道**とよばれる．Ψ_2 では，2個の原子核を結ぶ軸の中央に電子の存在確率がゼロとなる面，すなわち節面が存在している．これは，ちょうど二つの波の山と谷が重なると波が消えてしまうように，Ψ_2 では，ϕ_A と $-\phi_B$ が足し合わされることによって，原子核を結ぶ軸の中央で電子の存在確率がゼロとなることを表している．また，Ψ_2 において，節面の左右で分子軌道の色が変わっているのは，節面を境に"波動関数の符号"が変わることを明示したものである．これは，図 3・5 に示した弦の波において，弦の変位がゼロの点を境に変位の符号が＋から－に切り換わることに対応している．反結合性軌道は，原子間の結合の形成には寄与しない．むしろ，電子が反結合性軌道を占有すると，原子間の結合は弱められることになる．

■ 多原子分子の分子軌道

　私たちの身のまわりにある分子は，多数の原子からできているものが多い．このような分子についても，水素分子と同様に，分子軌道法を適用することによって分子軌道を求めることができる．ただし，分子を構成する原子の数が多くなればなるほど，分子軌道の数も多くなるから，分子軌道を求める手続きは煩雑になる．現在では，分子軌道を求めるための計算は，すべてコンピューターによって行われる．
　分子軌道を形成させる原子軌道として何を選ぶか，あるいは分子軌道を計算する手法によって，分子軌道法にはさまざまな種類がある．半経験的分子軌道法とよばれる分子軌道法について汎用のプログラムが普及しており，これを用いると，100

個程度までの原子から構成される分子であれば，普通のパソコンでも分子軌道を求めることができる．

図3・14に，プラスチックなどの原料として私たちの生活を支えているエチレン $CH_2=CH_2$ について，分子軌道法によって求められたいくつかの分子軌道の形状と，基底状態の電子配置を示した．分子軌道を組立てる原子軌道として，2個の炭素原子の2s軌道，$2p_x$軌道，$2p_y$軌道，$2p_z$軌道，および4個の水素原子の1s軌道の全部で12軌道が用いられている．炭素原子の1s軌道を占有する電子は炭素原子核の近傍だけに存在しているので，この分子軌道法では，炭素原子の1s軌道はエチレンの分子軌道を形成させる原子軌道として考慮しない．結合に関与する電子（**価電子**という）は全部で12個なので，エネルギーの低い軌道からパウリの排他原理に従って12個の電子を配置したものが，エチレンの基底状態の電子配置となる（図3・14）．エネルギーが最も低い分子軌道 Ψ_1 から6番目の分子軌道 Ψ_6 までが結合性軌道であり，それよりもエネルギーが高い $\Psi_7 \sim \Psi_{12}$ が反結合性軌道となる．

エチレンは平面分子であり，6個の原子はすべて同一平面上にある．図3・14に示されたエチレンの分子軌道の形状からわかるように，多原子分子の分子軌道は分

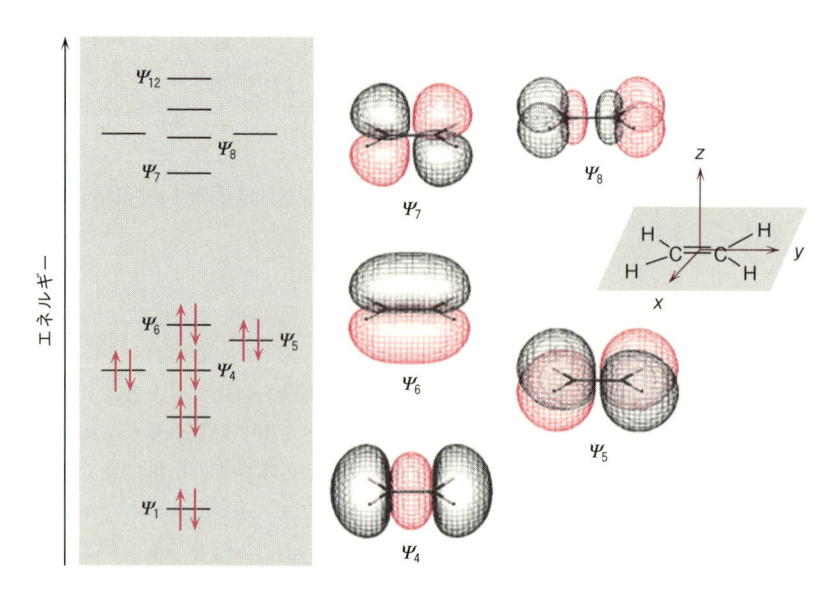

図 3・14 半経験的分子軌道法によるエチレン $CH_2=CH_2$ の分子軌道．基底状態の電子配置といくつかの分子軌道の形状を示してある．

子全体に広がるので，それぞれの分子軌道は個々の結合に対応してはいない．ただし，Ψ_6 と Ψ_7 は，分子平面に対して垂直な方向に伸びている炭素原子の $2p_z$ 軌道だけから形成される分子軌道であり，炭素-炭素二重結合のまわりだけに広がっている．すなわち，2 個の炭素原子の $2p_z$ 軌道を $\phi_A(2p_z)$，$\phi_B(2p_z)$ とすると，N_1 と N_2 を規格化定数として，Ψ_6 と Ψ_7 は次式のように書くことができる．

$$\Psi_6 = N_1(\phi_A(2p_z) + \phi_B(2p_z)) \qquad (3 \cdot 14)$$

$$\Psi_7 = N_2(\phi_A(2p_z) - \phi_B(2p_z)) \qquad (3 \cdot 15)$$

p 軌道が節面をもつため，これらの分子軌道の電子は，結合している原子をつなぐ軸上には存在せず，その上下に分布することになる．このような分子軌道を **π軌道**（パイ）という．一方，Ψ_6 と Ψ_7 以外の分子軌道では，その軌道の電子は，結合している原子をつなぐ軸のまわりに分布している．このような分子軌道を **σ軌道**（シグマ）という．

分子軌道の例をもう一つ示すことにしよう．図 3・15 には，これもプラスチックなどの原料として多用されているホルムアルデヒド $CH_2=O$ の分子軌道を示した．ホルムアルデヒドも平面分子である．エチレンよりも水素原子の数が 2 個少ないため分子軌道の数も 2 個少ないが，酸素原子が 6 個の価電子をもつので，電子の数はエチレンと同じ 12 個となる．

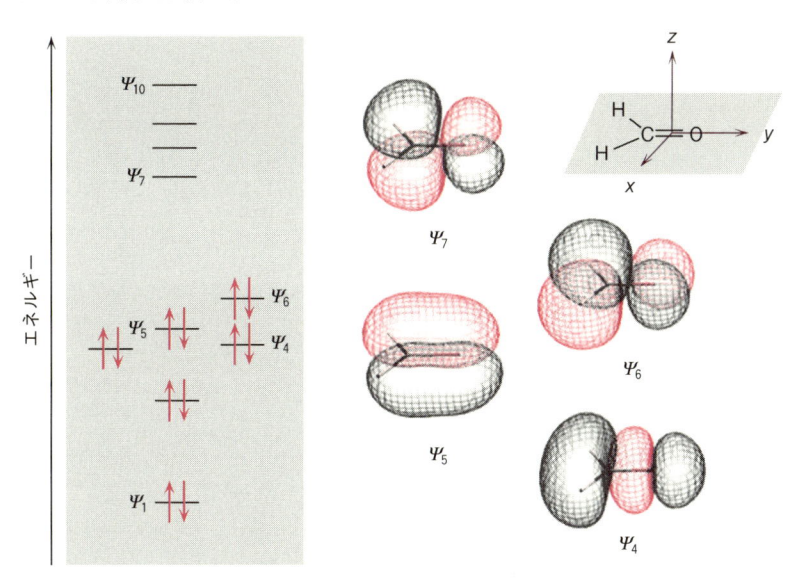

図 3・15 半経験的分子軌道法によるホルムアルデヒド $CH_2=O$ の分子軌道．基底状態の電子配置といくつかの分子軌道の形状を示してある．

ホルムアルデヒドでは，エチレンと異なり，電子が占有している軌道のうちで最もエネルギーの高い分子軌道 Ψ_6 は π 軌道ではなく，分子平面内に広がった軌道である．図からこの分子軌道には，酸素原子の $2p_x$ 軌道の寄与が大きいことがわかる．ルイスの共有結合の考え方では，酸素原子がもつ 6 個の価電子のうち 4 個は結合の形成に関与せず，2 対の**非共有電子対**として酸素原子上に存在する．Ψ_6 は，酸素原子上の非共有電子対の一つに対応する分子軌道とみることができる．このような軌道を，**非結合性軌道**，あるいは非結合性軌道の英語名 nonbonding molecular orbital から **n 軌道**とよぶ．n 軌道は，非共有電子対をもつ酸素原子や窒素原子を含む分子と光との関わりにおいて重要な役割を果たす．Ψ_5 と Ψ_7 は，エチレンでもみられた $2p_z$ 軌道だけからなる π 軌道であり，ホルムアルデヒドの分子平面の上下に広がっている．

このようにして得られた分子軌道はしばしば，その分子が示すさまざまな物理的性質や化学的性質を理解するために用いられる．次章では，分子軌道に基づいて，分子による光の吸収を考えてみることにしよう．

4 分子による光の吸収

　前章では，原子・分子を構成する電子には波動性があることを述べた．さらに，電子のふるまいはシュレーディンガー方程式で記述され，極微小の世界ではエネルギーはとびとびの値をとっていることを説明した．これで光と物質の関わりを，原子・分子の視点から見るための準備が整ったことになる．本章では，いよいよ光と分子との関わりについて述べることにしよう．"分子が光を吸収する"とはどういうことなのだろうか．それは，どうやって調べるのだろうか．

4・1　分子における電子遷移

　ボーアが考えたように，水素原子における光の吸収は，低いエネルギー準位にある電子がより高いエネルギー準位に遷移することに伴って起こる（図3・3）．分子についても基本的には同じで，分子が光を吸収すると，安定な分子軌道にある電子が，より高いエネルギーをもつ分子軌道へと遷移する．ただし，多くの電子をもつ分子では，"分子軌道" と "分子の電子状態" を明確に区別しなければならない．本節では，分子による光の吸収とはどういう現象かについて，分子軌道に基づいて説明する．

■ 電子遷移と分子軌道

　室温条件下では，ほとんどすべての分子が，最も低いエネルギーをもつ電子配置の状態，すなわち**基底状態**にある．たとえば，エチレンは，図3・14に示したような電子配置をとっている．しかし，エチレンの電子配置には，図3・14において Ψ_6 の電子が Ψ_7 へ移った状態，Ψ_6 の電子が Ψ_8 へ移った状態，Ψ_5 の電子が Ψ_7 へ移った状態など，ほかにも多くの状態が考えられる．これらの状態はすべて，基底状態よりも高いエネルギーをもつので，**励起状態**である．基底状態と励起状態のエネルギー準位をそれぞれ，E_g, E_e とすると，その状態間の電子遷移に伴って吸収される光子の振動数 ν と波長 λ は，次式を満たす．

$$h\nu = \frac{hc}{\lambda} = E_e - E_g \qquad (4\cdot1)$$

すなわち，(4・1)式の関係を満たすエネルギーをもつ光子が分子に衝突すると，光子がもっていたエネルギーは，分子を構成する電子のエネルギーに変換される．光子は消滅し，電子のエネルギーは E_g から E_e に上昇する．これが，分子による光の吸収である．

さて，簡単のため，4個の分子軌道 $\Psi_1 \sim \Psi_4$ と4個の電子からなる分子について，分子軌道と分子の電子状態との関係を考えてみよう（図 4・1）．原子の電子配置を記載する方法にならうと，基底状態の電子配置は $\Psi_1^2 \Psi_2^2$ と書くことができる．励起状態には，$\Psi_1^2 \Psi_2^1 \Psi_3^1$（励起状態Ⅰ）や $\Psi_1^2 \Psi_2^1 \Psi_4^1$（励起状態Ⅱ）など複数の状態がある．このとき，基底状態と励起状態の間の電子遷移を議論する際に，以下の点に注意する必要がある．

❶ 図 4・1 において，基底状態から励起状態Ⅰへ電子遷移が起こるとき，エネルギー差 $\Delta E = E_{e1} - E_g$ に等しいエネルギー $h\nu_1$ をもつ光子が吸収される．この現象を分子軌道の立場からみると，分子軌道 Ψ_2 を占有していた電子が，分子軌道 Ψ_3 に移っている．分子軌道 Ψ_2 と Ψ_3 を，"基底状態から励起状態Ⅰへの電子遷移に関与する分子軌道" という．このように，分子における電子遷移は，特定の分子軌道間の電子の遷移に帰着できる場合が多い．

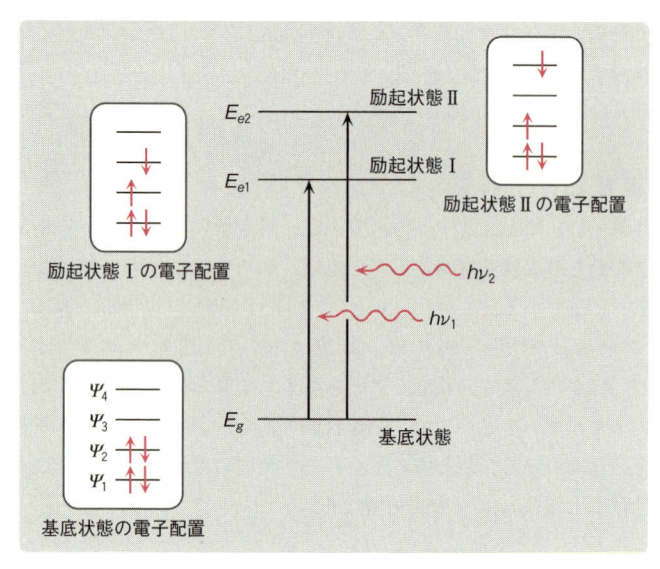

図 4・1 分子軌道と分子の電子状態との関係

4・1 分子における電子遷移　53

❷ 図4・1を見ると，基底状態から励起状態Ⅰへの電子遷移に伴うエネルギー変化 $\Delta E = E_{e1} - E_g$ は，遷移に関与する分子軌道 Ψ_3 と分子軌道 Ψ_2 のエネルギー差に等しくなるように見える．この推定は定性的には正しく，電子遷移に関与する分子軌道間のエネルギー差が大きいほど，その電子遷移によって生じる励起状態のエネルギー準位も高くなる．しかし，定量的には ΔE は，分子軌道 Ψ_3 と分子軌道 Ψ_2 のエネルギー差には一致しない．

❸ より精密な理論では，ある励起状態は一つの電子配置で記述されるのではなく，複数の電子配置が混じり合った状態とされる．たとえば，励起状態Ⅰには電子配置 $\Psi_1^2\Psi_2^1\Psi_3^1$ がおもに寄与しているが，わずかに電子配置 $\Psi_1^2\Psi_2^1\Psi_4^1$ の寄与が含まれている．本書では触れないが，このような考え方を取入れた分子軌道法を用いると，励起状態のエネルギー準位 E_e を定量的に計算することができる．

電子遷移の種類

多数の原子から構成される分子は多数の分子軌道をもつから，可能な電子遷移の数も多い．しかし，すべての電子遷移が等しく起こるわけではなく，またすべての電子遷移が，本書で光とよぶ200～800 nm の波長領域に観測されるわけではない．

分子における基底状態から励起状態への電子遷移は，その電子遷移に関与する分子軌道を用いて分類される．前章で述べたホルムアルデヒド $CH_2=O$ を例として，電子遷移の種類を示すことにしよう．図4・2は，ホルムアルデヒドの分子軌道のう

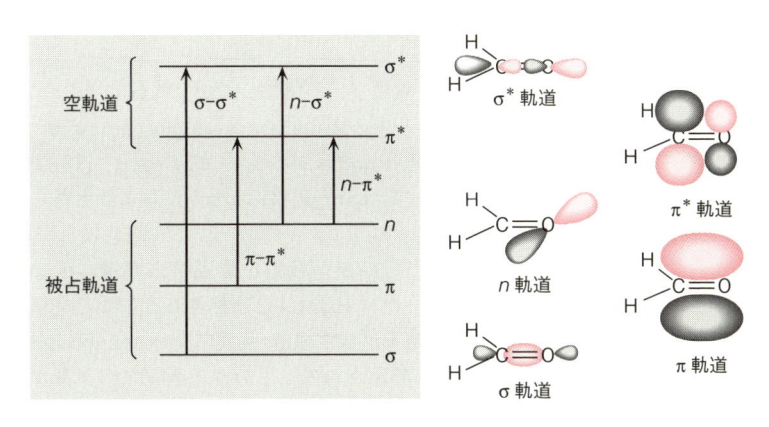

図 4・2　模式的に描いたホルムアルデヒドの分子軌道の形状と分子軌道間の電子遷移の名称．π^* 軌道は，"パイスター軌道" と読む．

ち代表的なものについて，軌道の模式的な形状と名称を示したものである．慣用的に，反結合性軌道は＊印をつけて表す．パウリの排他原理により，一つの分子軌道は2個の電子しか占有できない．したがって，分子軌道間の電子の遷移は，電子が存在している軌道（被占軌道という）から，電子が存在していない軌道（空軌道という）へと起こる．これらの分子軌道間で起こる電子遷移は，軌道の名称を用いて表される．たとえば，結合性のπ軌道にあった電子がπ*軌道に遷移することを，**π–π* 遷移**という．π–π*遷移によって，基底状態においてπ軌道にあった電子が，π*軌道に遷移した電子配置で表される励起状態が生じる．同様に，σ軌道からσ*軌道への遷移は**σ–σ* 遷移**とよばれる．

<u>基底状態から，ある励起状態への電子遷移の起こりやすさは，その電子遷移に関与する分子軌道間での電子の遷移しやすさに依存し，その電子遷移に由来する光の吸収の強さを支配する</u>．電子遷移が起こりやすいほど，その遷移に由来する光の吸収は強くなる．分子軌道間の電子の遷移については，つぎのような一般的規則がある．

❶ 分子軌道間での電子の遷移しやすさは，遷移に関わる二つの分子軌道の空間的な重なり合いの大きさに依存する．一般に，π–π*遷移やσ–σ*遷移は起こりやすいが，π軌道とσ軌道間の遷移は起こらない．

❷ 酸素原子や窒素原子などの非共有電子対をもつ原子を含む分子では，非結合性軌道（n軌道）が存在し，**n–π* 遷移**と**n–σ* 遷移**が起こる．一般に，n–π*遷移は起こりにくく，この遷移に由来する光の吸収は弱い．

❸ 多くの分子では，図 4・2 に示したホルムアルデヒドのように，分子軌道のエネルギー準位は，つぎの順に高くなる．

　　　　　σ軌道 ＜ π軌道 ＜ n軌道 ＜ π*軌道 ＜ σ*軌道

したがって，電子遷移に伴うエネルギー変化は，π–π*遷移の方がσ–σ*遷移よりも小さくなるため，π–π*遷移に由来する吸収の方がσ–σ*遷移よりも長波長側に現れる．また，一般に，n–π*遷移はπ–π*遷移よりもさらに長波長側に現れる．

❹ 被占軌道のうち，最もエネルギーの高い軌道を**最高被占軌道**(英語名 highest occupied molecular orbital から HOMO と略称される)，また空軌道のうち，最もエネルギーの低い軌道を**最低空軌道**(英語名 lowest unoccupied molecular orbital から LUMO と略称される) という．吸収スペクトルにおいて，最も長波長側に観測される吸収は，HOMO の電子の LUMO への遷移に由来する場合が多い．

4・1 分子における電子遷移

以上のことから，分子による光の吸収を調べると，本書で光とよぶ200～800 nmの波長領域には，一般に，π-π* 遷移，n-π* 遷移，および n-σ* 遷移に由来する吸収が観測されることになる．σ-σ* 遷移に由来する吸収は，波長 200 nm 以下の紫外線領域に現れることが多い．また，鉄 Fe や銅 Cu などの金属原子を含む分子では，d 軌道が関与する電子遷移が可視光領域に現れる場合がある．分子の構造と吸収する光の波長との関係は，第6章で詳しく述べる．

■ 励起状態と電子スピン

基底状態ではパウリの排他原理に従って，一つの分子軌道にはスピンの向きが異なる2個の電子が収容される．しかし，励起状態では電子遷移に伴って，1個の電子しかもたない分子軌道が2個生じる．この2個の電子は別の分子軌道にあるから，これらの間にはパウリの排他原理ははたらかない．したがって，同じ分子軌道間で電子遷移が起こっても，2個の電子スピンの向きが異なる場合と，同じ場合の2通りの状態があることになる（図4・3）．基底状態と同様に，2個の電子スピンの向きが異なる状態を**一重項状態**という．一方，2個の電子スピンが同じ向きの状態を**三重項状態**という．

私たちの身のまわりにある多くの分子は，基底状態は一重項状態なので*，基底状態の分子の性質だけを扱う場合には，電子スピンの向きを考える必要はない．しかし，励起状態の分子を扱う光化学では，このような2種類のスピン状態を考慮しなければならない．これら二つの状態に関する一般的な事項を次ページにまとめておこう．

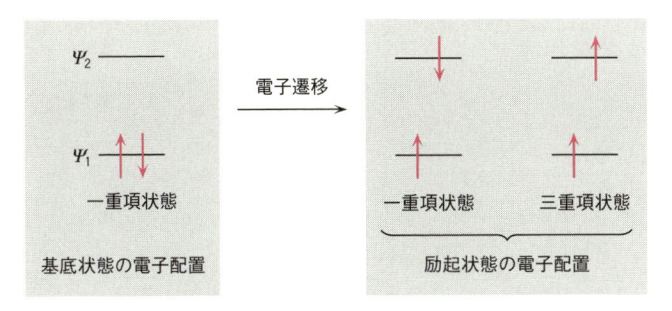

図 4・3 一重項状態と三重項状態．上向き矢印と下向き矢印は，電子がそれぞれ異なるスピン状態をもつことを表している．

---

* 例外の一つが酸素分子 O_2 であり，その基底状態は三重項状態である．

❶ 一重項状態では，上向きスピンをもつ電子と下向きスピンをもつ電子の数は等しいため，一つの電子がもつ磁石としての性質は打ち消しあい，分子全体として，磁石としての性質は現れない．これに対して，三重項状態の分子は，異なるスピンをもつ電子の数に差があるので，微小な磁石としての性質が現れる．たとえば，三重項状態の分子に外部から磁場をかけると，分子のもつ電子スピンと磁場との相互作用が起こる．三重項状態とは，"外部から磁場をかけたとき，エネルギーが異なる三つの状態をとることができるスピン状態"を意味している．

❷ 電子遷移の際には，スピン状態は変化しない．すなわち，基底状態が一重項である分子が光を吸収すると，一重項状態の励起状態（励起一重項状態という）が生じる．一重項状態の基底状態から，三重項状態の励起状態（励起三重項状態という）への電子遷移は起こらない．

❸ 同じ分子軌道間の電子遷移によって生じる励起一重項状態と励起三重項状態のエネルギーは近い値をもつが，三重項状態の方がややエネルギーが低く，安定である．これは，スピンの向きが同じ2個の電子は，決して互いに近寄ることができないため，三重項状態では電子間の静電的な反発相互作用が，相対的に小さくなるためと理解されている．

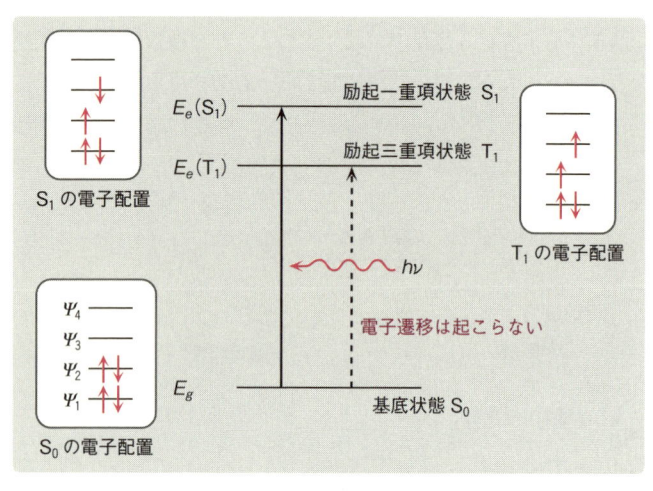

図4・4 一重項状態と三重項状態を考慮した分子軌道と分子の電子状態との関係．一重項状態と三重項状態は，それぞれ英語名 singlet state, triplet state から，SおよびTと略記される．

図 4・4 に，励起三重項状態を考慮した，分子軌道と分子の電子状態との関係を示した．前述したように，分子が光を吸収しても直接，励起三重項状態は生成しない．ところが，励起状態において，一重項状態からより安定な三重項状態への変換が起こり，これによって三重項状態が分子の光反応に関わってくるのである．これについては，次章で述べる．

■ 吸収スペクトルと振動構造

照射する光の波長を変化させて，それぞれの波長成分が吸収される強さを記した図形を，**吸収スペクトル**という．分子軌道のエネルギーはとびとびの値をもつので，分子の励起状態のエネルギー準位もとびとびの値となる．したがって，原理的には，(4・1)式を満たす特定の波長の光だけが，その分子に吸収されることになる．分子のエネルギー準位はその分子に固有のものであるから，分子の吸収スペクトルもまた，その分子に固有のものとなる．

これまでの議論では，分子の吸収スペクトルも，前章で述べた水素原子の発光スペクトルのように，不連続のスペクトルになるはずである．しかし，実際にはそうならない．その理由の一つは，複数の原子から構成される分子では，電子遷移に伴って原子核の運動の状態も励起されることである．二原子分子 A–B を例として，電子遷移と原子核の運動との関係について考えてみよう．

二原子分子 A–B における結合は，ある安定な値を中心に伸びたり，縮んだりしている．このような原子核の運動が**振動**である．前章において，極微小の世界では，エネルギーなどの物理量は不連続になっていることを述べたが，原子核の振動のエネルギーも，とびとびの値しかとることができない．二原子分子 A–B の振動に関するシュレーディンガー方程式を解くことにより，その振動エネルギー E_{vib} は次式で与えられる．

$$E_{vib} = \left(v + \frac{1}{2}\right)\frac{h}{2\pi}\sqrt{\frac{k}{\mu}} \quad (v=0, 1, 2, 3\cdots) \quad (4・2)$$

ここで k は**力の定数**とよばれ，結合の強さによってきまる定数である．また，μ は**換算質量**といい，原子 A と原子 B の質量 m_A と m_B を用いて，次式で定義される．

$$\mu = \frac{m_A m_B}{m_A + m_B} \quad (4・3)$$

E_{vib} の不連続性の幅 $\frac{h}{2\pi}\sqrt{\frac{k}{\mu}}$ は数 kJ mol^{-1} 程度の大きさであり，電子遷移に必要なエネルギー，すなわち光のエネルギー 150〜600 kJ mol^{-1} に比べてずっと小さい．

さて，室温条件下では，基底状態にある分子は，ほとんど $v=0$ の振動エネルギー状態にいる．この分子が光を吸収して励起状態に電子遷移する際に，励起状態の $v=0$ の振動エネルギー状態だけでなく，$v=1$, $v=2$, $v=3$, … の状態へも遷移が起こる．これらの遷移は少しずつエネルギーが異なるので，一つの励起状態への電子遷移が，いくつもの異なる波長の光によって起こることになる．図 4・5 に，二原子分子 A−B について，振動エネルギーも考慮した分子のエネルギー準位とその間の電子遷移，および観測される吸収スペクトルを模式的に示した．このように，基底状態から励起状態のいくつかの振動エネルギー準位へ遷移が起こることによって，一つの電子遷移にいくつもの極大が現れるとき，このスペクトルの形状を**振動構造**といい，"この電子遷移は振動構造をもつ"などと表現する．

また，二原子分子 A−B はその重心のまわりに**回転**しているが，そのエネルギーも不連続になっている．回転エネルギーの不連続性の幅は振動のエネルギーよりも，さらに小さく，$10^{-2} \sim 10^{-1}$ kJ mol^{-1} 程度である．このため，図 4・5 において，たとえば，励起状態 S_1 の振動エネルギー準位 $v=0$ と $v=1$ の間には，少しずつエネルギーが異なったたくさんの回転エネルギー準位があり，それらのエネルギー準位へ遷移が起こる．これによって，0→0 遷移や 0→1 遷移も特定の波長だけではなく，図 4・5 の吸収スペクトルに示されているように，ある幅をもった波長領域に起こることになる．

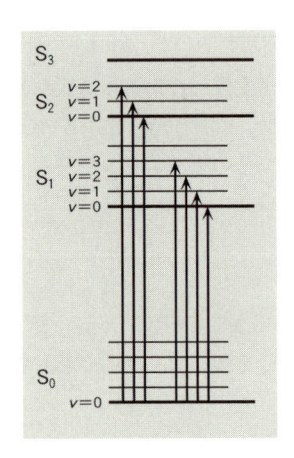

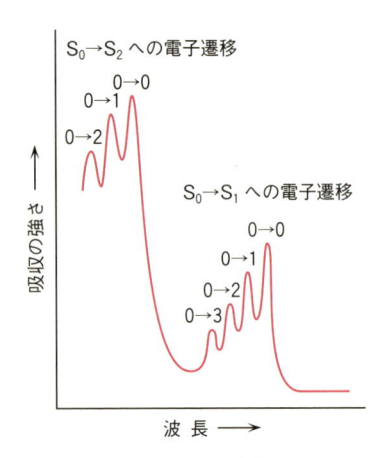

図 4・5 振動エネルギーを考慮した二原子分子のエネルギー準位とその間の電子遷移，および対応する吸収スペクトルの模式図．基底状態の $v=0$ から励起状態の $v=0$ への遷移を 0→0 遷移，$v=1$ への遷移を 0→1 遷移などという．

さらに，普通の分子は多数の原子から構成されているため，さまざまな振動の様式をもっている．それぞれの振動における力の定数や換算質量は異なるので，分子はさまざまな振動エネルギー準位をもっており，このため，一つの電子遷移に，間隔の異なるいくつもの振動構造が重なり合うことになる．これらの理由により，一般に，多数の原子からなる分子の吸収スペクトルは，"広幅の吸収帯"となることが多い．

4・2　吸収スペクトルの測定

光と分子の関わりを調べるとき，最も基本的な情報となるのは，"その分子がどのような波長の光を，どのような強さで吸収するか"ということである．本節では，物質の吸収スペクトルを測定する方法の概要を述べる．なお，"吸収スペクトル"という語は，マイクロ波や赤外線など他の波長領域の吸収に対しても用いられるが，本書では，電子遷移による吸収，すなわち**電子吸収スペクトル**の意味で用いる．電子吸収スペクトルは，それが観測される波長領域から，**紫外可視吸収スペクトル**ともよばれる．

■ ランベルト-ベールの法則

物質の吸収スペクトルは，気相でも測定できるが，ある適切な溶媒に溶かした溶液状態で測定されることが多い．測定には，一般に，石英製の容器（**セル**という）が用いられる．

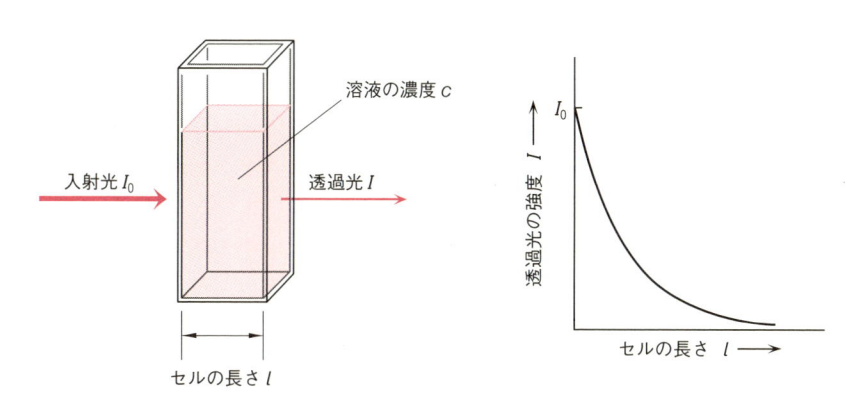

図 4・6　光の吸収．透過光の強度 I はセルの長さ l とともに，(4・4)式に従って減少する．入射光の強度 I_0 と I の間には，ランベルト-ベールの法則（4・6)式が成り立つ．

ある電子遷移に由来する光の吸収は，その吸収の位置と強度によって特徴づけられる．前述したように，一般に，一つの電子遷移は広幅の吸収帯となるので，吸収の位置は，その吸収帯のうちで最も強い吸収を与える波長を用いて表されることが多い．その波長を**吸収極大波長**といい，λ_{max}で表す．

吸収の強度は，測定する条件によって異なるので，以下のような法則に基づいて定量的に評価される．ある物質を適切な溶媒に溶かして試料溶液とし，セルに入れて，ある波長の光を照射したときその物質によって吸収が起こったとする（図4・6）．入射する光の強度をI_0，試料溶液を透過した光の強度をIとすると，Iはセルの長さlとともに，(4・4)式に従って減少する．

$$I = I_0 \mathrm{e}^{-al} \qquad (4 \cdot 4)$$

(4・4)式は常用対数を用いると，次式のように表される．

$$\log\left(\frac{I_0}{I}\right) = bl \qquad (4 \cdot 5)$$

ここでa，およびbは定数である．この法則は，1760年代に，数学や物理学などの分野でさまざまな業績をあげたドイツのランベルト（J. H. Lambert, 1728〜1777）によって確立され，ランベルトの法則とよばれている．$\log\left(\frac{I_0}{I}\right)$を**吸光度**といい，(4・5)式の比例定数$b$を**吸光係数**とよぶ．

さらに，1850年代にはドイツの物理学者ベール（A. Beer, 1825〜1863）によって，吸光係数bは試料溶液の濃度cに比例することが示された．これをベールの法則という．この法則は，溶液中の試料分子間で会合などの相互作用が起こらない希薄な溶液ではよく成立する．現在では，これら二つの法則を組合わせて**ランベルト-ベールの法則**とよび，(4・6)式で表記される．

$$\log\left(\frac{I_0}{I}\right) = \varepsilon cl \qquad (4 \cdot 6)$$

特に，試料溶液の濃度cをモル濃度〔単位：$\mathrm{mol\,L^{-1}}$〕で表し，セルの長さlをcm単位で表したときの比例定数εを，**モル吸光係数**という．モル吸光係数は，波長や溶媒の種類によって決まり，濃度やセルの長さに依存しない物質固有の定数となる．εの単位は$\mathrm{mol^{-1}\,L\,cm^{-1}}$となるが，表記されないことも多い．

物質のモル吸光係数εは，その波長における吸収の強さの尺度となる．前節において，π-π^*遷移は起こりやすく，n-π^*遷移は起こりにくいことを述べたが，一般に，π-π^*遷移に由来する吸収のモル吸光係数は10^3〜10^4であるのに対して，n-π^*遷移では10^1〜10^2程度の値となる．

紫外可視分光光度計

吸収スペクトルは，紫外可視分光光度計で測定される．一般に，与えられた電磁波の強度の波長分布を測定する装置を，**分光光度計**という．

図4・7に，紫外可視分光光度計のしくみを模式的に示した．光源から放射された光は，モノクロメーターを経て，ビームスプリッターにより同じ強度をもった二つの光に分けられる．**モノクロメーター**は，光の屈折や回折を利用して，連続的な波長をもつ光から特定の波長の光だけを取出す装置である．入射する光の角度を変えることによって，任意の波長の光を取出すことができる．二つに分けられた光はそれぞれ，試料溶液，および参照溶液を透過し，検出器で二つの透過光の強度比が決定される．一般に，参照溶液には試料溶液の調製に用いた溶媒が使用され，溶媒を透過した光の強度を I_0 とすることによって，溶媒による吸収の影響をできるだけ取除くことができる．強度比は吸光度 $A=\log\left(\dfrac{I_0}{I}\right)$ に変換され，これが波長ごとに記録されて，吸収スペクトルとなる．

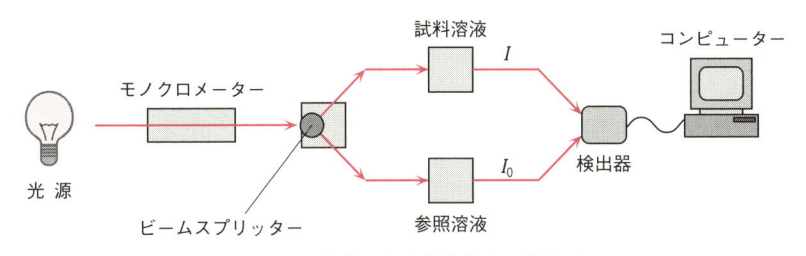

図 4・7 紫外可視分光光度計の模式図

例として，図4・8に，エタノールを溶媒とするベンゾフェノン $(C_6H_5)_2C=O$ の吸収スペクトルを示した．前節で述べた通り，吸収スペクトルは，広幅の吸収帯となっている．波長 200 nm 以上の領域には，大きく二つの吸収帯が観測され，それぞれの波長 λ_{max} とモル吸光係数 ε はつぎの通りである．

$$\lambda_{max}\ (\varepsilon):\ 248\ nm\ (19\,500),\quad 346\ nm\ (120)$$

ベンゾフェノンは，図4・2に示したホルムアルデヒドと同様に，被占軌道として，骨格を形成する σ 軌道，およびベンゼン環や C=O 二重結合を形成する π 軌道，さらに酸素原子上の非共有電子対に対応する n 軌道をもっている．248 nm を極大とする広幅の吸収帯は，大きなモル吸光係数をもつ強い吸収であり，π-π^* 遷移に由来する電子遷移に帰属される．ベンゾフェノンはエネルギー準位が接近した多くの π 軌道と π^* 軌道をもつので，この吸収帯にはいくつかの電子遷移が重なってい

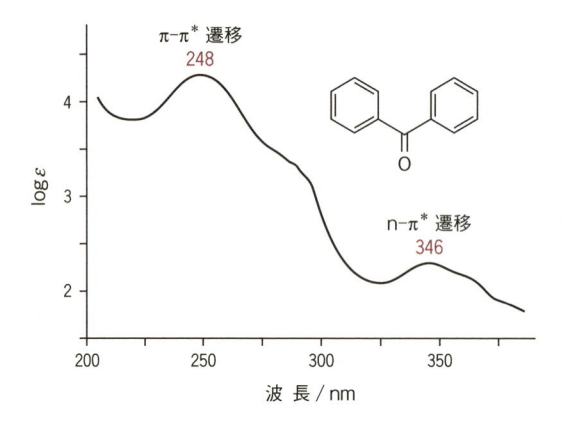

図 4・8 エタノールを溶媒として測定したベンゾフェノンの紫外可視吸収スペクトル. スペクトルの上の数字は吸収極大波長を表す.

ると推測される. 一方, 346 nm を極大とする吸収帯のモル吸光係数は比較的小さく, この吸収帯は n–π* 遷移に由来する電子遷移に帰属される.

このように, 多数の原子からなる分子は, 広い波長領域に連続的に広がった吸収スペクトルを与えるが, その形状は, 分子の電子状態を反映したその分子固有のものとなる. 分子の吸収スペクトルは, 次章以降に述べる分子の光反応性や, 物質のもつ多彩な色を理解するための基本的な情報となる.

■ 吸 収 光 量

ランベルト-ベールの法則により, 入射光の強さ I_0 と透過光の強さ I の関係が示されたので, 溶液中の試料分子によって吸収された光量 I_abs を求めることができる. セルや溶媒分子による吸収, およびセルの表面での反射がないとすると, I_0 と I の差は I_abs に等しいから, 次式が得られる.

$$I_\mathrm{abs} = I_0 - I = I_0(1-10^{-\varepsilon cl}) \tag{4・7}$$

ここで, "光の強さ" とは, 第2章で述べたように光を粒子としてみると, "単位時間における光子の数" と言い換えることができる. したがって, I_abs は, "単位時間に試料分子が吸収した光子の数" を意味する. これは, 次章において光を吸収した分子のふるまいを定量的に議論する際に, きわめて重要な値となる.

吸収光量 I_abs に関して注意しなければならないことは, (4・7) 式からわかるように, I_abs は試料濃度 c には比例しないことである. 図 4・9 に, $\varepsilon = 10^4$, $l = 1\,\mathrm{cm}$ の場合について, c と I_abs の関係を図示した. 試料濃度 c が増大するにつれて, I_abs は入射光の強さ I_0 に接近する. これは, 照射した光子が, ほとんどすべて試料分子に

吸収されてしまった状態を表している．

ただし，希薄な濃度領域では，近似的に"吸収光量 I_{abs} は，試料濃度 c に比例して増大する"ということができる．これは，図4・6に示した曲線が，$c=0$ に近い領域では直線とみることができることに対応している．このことを，式で表してみよう．数学の公式を用いるために，まず，(4・7)式をつぎのように変形する．

$$I_{abs} = I_0(1-10^{-\varepsilon cl}) = I_0(1-e^{-\kappa cl}) \tag{4・8}$$

ここで，κ（カッパと読む）は**モル吸収係数**とよばれ，モル吸光係数 ε と (4・9) 式の関係がある．

$$\kappa = \varepsilon \ln 10 \approx 2.3026\,\varepsilon \tag{4・9}$$

数学の法則により，指数関数 e^{-x} は次式のように展開することができる．

$$e^{-x} = 1 - x + \frac{x^2}{2} - \frac{x^3}{6} + \cdots \tag{4・10}$$

したがって，κcl に比べて $\frac{(\kappa cl)^2}{2}$ が無視できるほど κcl が小さいときには，$e^{-\kappa cl} \approx 1-\kappa cl$ と近似できるから，(4・8)式に代入して次式が得られる．

$$I_{abs} \approx I_0\,\kappa cl \tag{4・11}$$

こうして，$\frac{(\kappa cl)^2}{2} \approx 0$ が成り立つときには，吸収光量 I_{abs} は試料濃度 c に比例することがわかる．しかし，モル吸光係数 ε が 10^4 程度の強い吸収では，試料濃度 c が $10^{-5}\,\mathrm{mol\,L^{-1}}$ 程度の希薄な溶液でも，この近似は成立しなくなる．

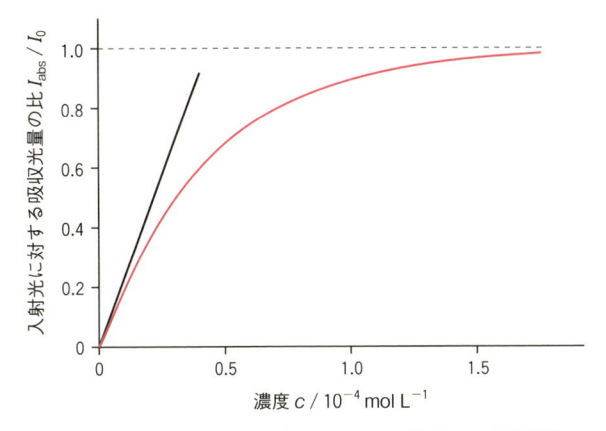

図 4・9 試料溶液の濃度 c と吸収光量 I_{abs} の関係（モル吸光係数 $\varepsilon = 10^4$，セルの長さ $l = 1\,\mathrm{cm}$ の場合）．縦軸は入射光量 I_0 に対する I_{abs} の比率を表している．斜めの黒線は (4・11)式による直線を表す．なお，すべての濃度領域でランベルト–ベールの法則が成り立つことを前提としている．

5 光を吸収した分子のふるまい

　前章で述べたように，分子が光を吸収すると，分子は光子がもっていたエネルギーを獲得する．そのエネルギーは 150～600 kJ mol^{-1} であり，結合解離エネルギーに匹敵する程度の大きさである．しかし，光を吸収した分子がすべて，化学反応を起こすわけではない．このことは，私たちも日常的に太陽や蛍光灯から放射される光を吸収していることを考えれば，容易に想像がつく．光を吸収することによって分子が獲得したエネルギーはどうなるのだろうか．本章では，光を吸収して励起状態になった分子のふるまいについて述べる．分子は光を吸収することによって，基底状態の分子には，まねのできないふるまいを見せることになる．

5・1 励起状態の分子がたどる過程

　光を吸収して励起状態となった分子がたどる過程は，明確に分類することができる．すなわち，励起状態の分子が獲得したエネルギーは，① 熱として放出される，② 光として放出される，③ 化学反応を起こす，のいずれかの過程を経て消費される．最初の二つの過程では，分子は光を吸収する前の基底状態に戻る．このように，高いエネルギー状態にある分子が，そのエネルギーを失うことを，**失活**という．本節では，光の吸収による励起状態の生成から，励起状態となった分子が失活するまでの過程を，順を追って説明しよう．

■ ヤブロンスキー図

　分子が光を吸収して励起状態になり，失活により再び基底状態に戻る過程を議論する際には，図 5・1 のような図がしばしば用いられる．この図は，励起と失活の過程に関わるさまざまな状態の相対的なエネルギー準位と，その間の遷移を模式的に描いたものであり，この図を考案したポーランドの物理学者ヤブロンスキー（A. Jablonski, 1898～1980）の名をつけて，**ヤブロンスキー図**とよばれている．

　分子の励起と失活における状態間の遷移は，二つに大別される．一つは，光の放出を伴わない遷移で，**無放射遷移**とよばれる．ヤブロンスキー図において無放射遷

5・1 励起状態の分子がたどる過程

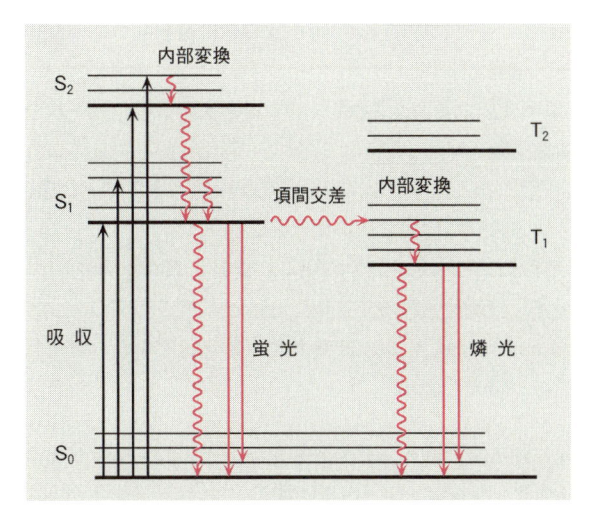

図 5・1 ヤブロンスキー図．太い横線はそれぞれの電子状態において振動エネルギーが最も低い状態を表し，細い横線は高い振動エネルギーをもつ状態を表している．慣例により，光の吸収や放出が起こる遷移は直線の矢印で表し，無放射遷移は波線の矢印で表す．

移は，波線の矢印で表される．もう一つは，光の吸収や放出を伴う遷移で，ヤブロンスキー図では直線の矢印で表される．光の放出を伴う失活過程を，**発光**という．

図 5・1 に示したヤブロンスキー図を用いて，光を吸収した分子が，基底状態に戻る過程をたどってみよう．

❶ **光を吸収する**　前章で述べたように，室温条件下ではほとんどの分子は，基底状態 S_0 の最も安定な振動エネルギー状態 $v=0$ にある．分子が光を吸収すると，吸収した光子のエネルギーに応じて，さまざまなエネルギーをもつ励起一重項状態 $S_1, S_2, \cdots$ のさまざまな振動エネルギー状態 $v=0, 1, 2, \cdots$ への遷移が起こる．

❷ **最低励起一重項状態へ遷移する**　さまざまな励起状態の分子は，原子核の振動や溶媒分子との衝突によって失活し，最もエネルギーの低い励起一重項状態 S_1 の最も安定な振動エネルギー状態 $v=0$ へ遷移する．このような，同じスピン状態をもつ電子状態間の無放射遷移を，**内部変換**という．

❸ $S_1(v=0)$ となった分子は，つぎの三つの遷移のいずれかを起こす．
　① 無放射遷移によって基底状態に戻る．励起状態の分子がもつエネルギーは，熱エネルギーに変換される．

② 発光によって基底状態に戻る．同じスピン状態をもつ電子状態間の遷移による発光を，**蛍光**とよぶ．
③ 励起三重項状態に遷移する．異なるスピン状態をもつ電子状態間の無放射遷移を，**項間交差**という．
❹ 励起三重項状態になった分子は，最も安定な振動エネルギー状態 $T_1(v=0)$ に遷移したのち，つぎの二つの遷移のいずれかを起こす．
① 無放射遷移によって基底状態に戻る．励起状態の分子がもつエネルギーは，熱エネルギーに変換される．
② 発光によって基底状態に戻る．異なるスピン状態をもつ電子状態間の遷移による発光を，**燐光**とよぶ．

これらの過程に加えて，励起状態の分子が反応を起こす場合がある．これが**光化学反応**である．光化学反応は，S_1，あるいは T_1 から起こることが多い．光化学反応については第 7 章で述べるとして，上記のそれぞれの過程について，もう少し説明を加えることにしよう．

■ 励起状態の分子の構造

分子の構造とは，その分子を構成する電子のエネルギーが最も安定になるような原子核の配置である．分子が励起状態になると電子配置が変わるので，励起状態において電子のエネルギーが最も安定となる構造は，必ずしも基底状態の構造とは一致しない．そこで，一般に，分子が光を吸収して励起状態になると，励起状態において分子構造の変化が起こる．ただし，光の吸収と分子構造の変化については，つぎのような規則が認められている．

> 分子が，異なる電子状態間で光の吸収や発光を伴う遷移を行う場合，遷移の前後で原子核の配置は変化しない．

この規則は，この問題を理論的に扱ったドイツの物理学者フランク (J. Franck, 1882～1964) と米国の物理学者コンドン (E. U. Condon, 1902～1974) の名をつけて，**フランク-コンドン原理**とよばれている．図 5・2 は，基底状態と励起状態のエネルギーが，分子の構造によってどのように変化するかを模式的に示したものである．フランク-コンドン原理は，この図において光の吸収が，横軸に垂直にまっすぐ上方に起こることを意味している．

5・1 励起状態の分子がたどる過程

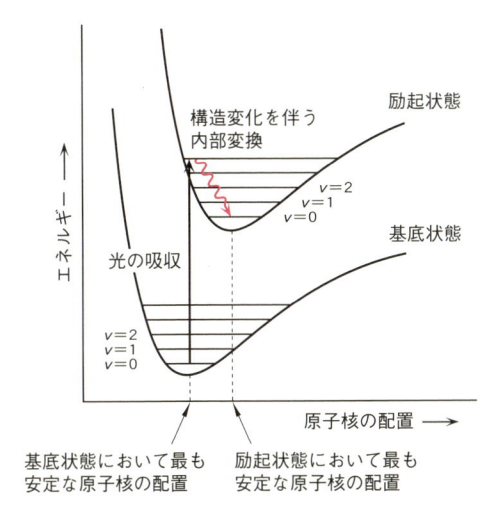

図 5・2 原子核の配置を考慮したエネルギー準位と電子遷移. 多数の原子から構成される分子は多数の振動様式をもつが, 図は一つの振動様式に注目し, 基底状態と励起状態のエネルギー準位を模式的に描いてある.

第2章において, 光子は, "1波長分の大きさをもち, 電磁場の変動をエネルギーとする質量のない粒子"とイメージできることを述べた (図2・15). 光子は光速 $c \approx 3.0 \times 10^8 \, \mathrm{m \, s^{-1}}$ で移動するから, たとえば波長 300 nm の光子が分子と関わる時間 t は,

$$t = \frac{300 \times 10^{-9} \, \mathrm{m}}{3.0 \times 10^8 \, \mathrm{m \, s^{-1}}} = 1.0 \times 10^{-15} \, \mathrm{s}$$

となる (10^{-15} 秒のことをフェムト秒といい, fs で表す). 電子遷移に要する時間はわずかこれだけであり, この間に分子の電子配置が変化する. 原子核は電子よりも数千倍重いので, 電子の動きに追随することができない. これが, フランク-コンドン原理が成立する理由である.

この原理により, 光を吸収した直後には, 分子は基底状態の構造を保持している. この励起状態を, **フランク-コンドン励起状態**という. 励起状態で分子構造の変化が起こるのは, その後の内部変換の過程においてであり, 光子が衝突してから 10^{-13}〜10^{-12} 秒後のできごとである.

しばしば, 基底状態の構造と励起状態の構造が著しく異なることがある. エチレンなどのアルケンもその一つの例である. たとえば, エチレン $\mathrm{CH_2=CH_2}$ は, 基底状態では平面構造であるが, 励起状態ではねじれた構造が安定であることが知られている. 図5・3に, エチレンについて, 光の吸収から励起状態における構造変化までの過程を模式的に示した. 光子が衝突すると, 基底状態では結合性の π 軌道にあっ

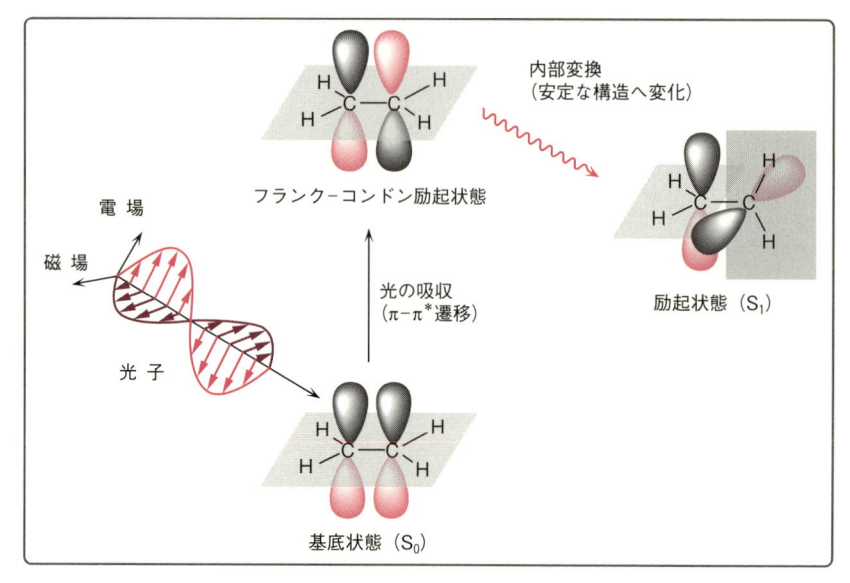

図 5・3 エチレンにおける光の吸収と励起状態における構造変化. π 軌道を形成する 2個の 2p 軌道を模式的に描いてある. なお, エチレン分子の大きさは 0.3 nm 程度なので, エチレンが吸収する光子 (波長 162 nm) はエチレン分子の 500 倍以上の大きさをもっている.

た電子が, 反結合性の π* 軌道に遷移するため, 励起状態では π 軌道による結合が開裂した状態になる. そこで, 2個の 2p 軌道に入った電子間の反発力を最小にするために, 炭素–炭素結合のまわりに 90° 回転が起こる.

■ 項間交差

§4・1において, 一般に, 一重項状態の基底状態から励起三重項状態への電子遷移は起こらないことを述べた (図 4・4). これは, 一重項状態から三重項状態へ移るためには, 電子スピンの向きが逆転しなければならないが, このような現象は, 電子スピン単独では決して起こりえないためである. しかし, 多くの分子において, 項間交差, すなわち励起一重項状態から励起三重項状態への遷移が起こることが知られている.

図 5・4 に, 電子スピンの向きが逆転するしくみを模式的に示した. 電子は, 軌道運動, すなわち原子核のまわりを運動することによって, 正電荷をもつ原子核が作り出す磁場を受けている. この磁場と電子スピンとの相互作用によって, スピンの

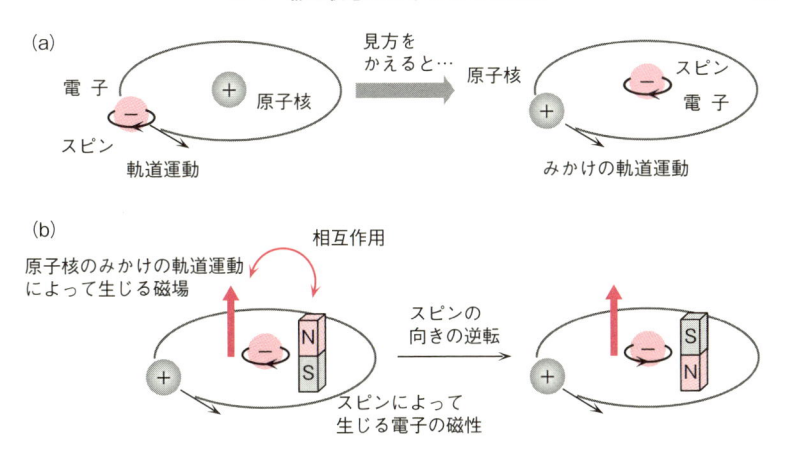

図 5・4 スピン–軌道相互作用の模式図. (a) 電子の軌道運動は,電子からみると原子核の軌道運動となる. (b) 原子核の軌道運動がつくる磁場と電子スピンとの相互作用が起こり,スピンの向きが逆転する.

向きを逆転させる力が生じ,一重項状態から三重項状態への遷移が起こるのである. このような,電子の軌道運動と電子スピンとの間の相互作用を,**スピン–軌道相互作用**とよぶ.

■ 蛍光と燐光

すでに述べたように,蛍光と燐光は,励起状態にある分子が基底状態へ失活する過程の一つであり,励起状態のスピン状態の違いによって区別される. 燐光は三重項状態から一重項状態への遷移なので,その過程において,電子スピンの向きの逆転が起こる. 一般に,蛍光と燐光には,つぎのような差が観測される.

❶ 前章で述べたように,励起三重項状態 T_1 のエネルギー準位は,最も安定な励起一重項状態 S_1 のエネルギー準位よりも低い. したがって,蛍光よりも燐光の方が長波長側に現れる. たとえば,アントラセン $C_{14}H_{10}$ の蛍光は 375 nm,燐光は 672 nm に観測される.

❷ 蛍光と燐光はいずれも,分子の励起状態からの発光なので,分子を励起するための光(励起光という)を止めると観測されなくなる. しかし,蛍光と燐光では,励起光を止めてからの持続性に差がある. 蛍光の持続性はわずかに 10^{-9}〜10^{-6} 秒

程度で，励起光を止めるとすぐに観測されなくなる．一方，燐光は 10^{-3} 秒以上持続するものが多く，1秒を超える場合もある．これは，三重項状態から一重項状態への遷移は，電子スピンの向きの逆転が必要なため起こりにくいことによる．

❸ 一般に，室温条件下では，励起三重項状態の失活は，おもに無放射遷移によって起こる．このため，燐光を観測するには，試料を液体窒素（$-196\,^\circ\mathrm{C}$）などで冷却し，無放射遷移を抑制する必要がある．

なお，昆虫のホタルは漢字では"蛍"と書くが，ホタルは励起光がなくても光るので，ホタルの光は，光によって生じた励起状態からの蛍光ではない．ホタルが光るしくみは，§8・3で述べる．

5・2 励起状態の情報をどうやって得るか

前節では光を吸収して励起状態となった分子が，基底状態へ戻る一連の過程を述べた．蛍光と燐光の項で述べたように，この一連の過程は，分子によってかなり差があるが，速いものでは 10^{-9} 秒，遅いものでも1秒程度の間に完結する．このような短い寿命しかない励起状態の情報を，どうやって得るのだろうか．本節ではその方法について概説する．実験によって得られる励起状態の重要な情報として，エネルギー準位，寿命，および失活過程の比率がある．

■ 吸収スペクトルと発光スペクトル

励起状態のエネルギー準位は，第4章で述べた吸収スペクトルの測定により求めることができる．図4・5に模式的に描かれた吸収スペクトルにおいて，$S_0 \to S_1$ への電子遷移の $0 \to 0$ 遷移の波長 λ がわかれば，その光のエネルギーから励起一重項状態 S_1 のエネルギー準位 E_s が計算できる．たとえば，アントラセンでは $\lambda = 375$ nm なので，アントラセンの E_s は次式によって求められる．

$$\begin{aligned}
E_s &= N_A h\nu \\
&= \frac{N_A hc}{\lambda} = \frac{(6.022\times10^{23}\ \mathrm{mol^{-1}})\times(6.626\times10^{-34}\ \mathrm{J\,s})\times(2.998\times10^8\ \mathrm{m\,s^{-1}})}{375\times10^{-9}\ \mathrm{m}} \\
&= 319\ \mathrm{kJ\,mol^{-1}}
\end{aligned}$$

励起状態のエネルギー準位を決定するためには，発光で観測される光の波長を測定してもよい．一般に，励起状態からエネルギーの低い状態に遷移する際に放出される光のスペクトルを，**発光スペクトル**という．図5・1に示したヤブロンスキー図

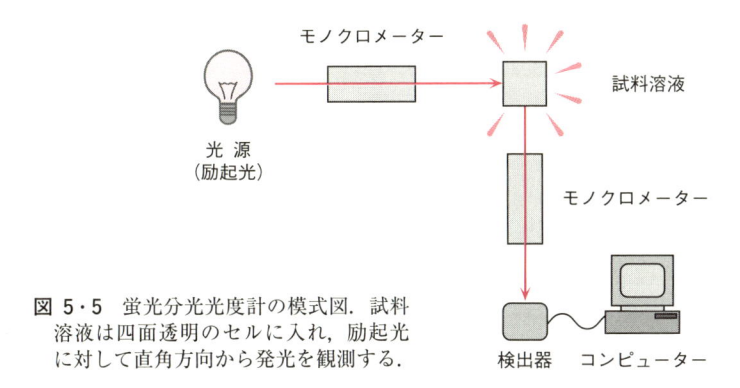

図 5・5 蛍光分光光度計の模式図. 試料溶液は四面透明のセルに入れ, 励起光に対して直角方向から発光を観測する.

からわかるように, 蛍光と燐光のそれぞれから, 励起一重項状態 S_1 と励起三重項状態 T_1 のエネルギー準位が求められる. それぞれのスペクトルは**蛍光スペクトル**, **燐光スペクトル**とよばれる. 図 5・5 に, 蛍光スペクトルを測定するための蛍光分光光度計の概略図を示した.

図 5・1 に示したように, 蛍光は, 最もエネルギーの低い励起一重項状態 S_1 の最も低い振動エネルギー状態 $v=0$ から起こるが, 基底状態 S_0 の $v=0$ だけではなく,

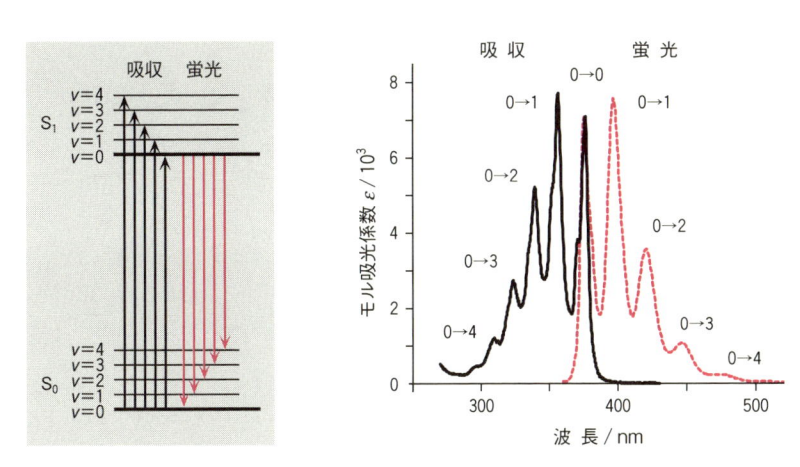

図 5・6 シクロヘキサンを溶媒とするアントラセンの吸収スペクトル (黒) と蛍光スペクトル (赤, 励起光波長 350 nm), および電子遷移の模式図. 蛍光スペクトルは, 0→0 遷移の強度が, 吸収スペクトルの 0→0 遷移の強度と一致するように描かれている. [スペクトルは, S. Prahl のデータ (http://omlc.ogi.edu/spectra/PhotochemCAD/html/022.html) を基に作成]

$v=1, v=2, v=3, \cdots$ の状態へも遷移が起こる．したがって，蛍光スペクトルにも振動構造が観測される場合がある．図 5・6 に，振動構造をもつスペクトルの例として，アントラセンの蛍光スペクトルを吸収スペクトルとともに示した．多数の原子から構成されるアントラセンは多数の振動様式をもつが，そのうちの一つが電子遷移と強く相互作用する．このため，アントラセンでは，単一の振動エネルギー準位に対応する振動構造が，吸収，および蛍光スペクトルに現れる．

また，図 5・6 のアントラセンの吸収と蛍光スペクトルでは，それぞれの 0→0 遷移の位置がほぼ一致し，この位置を中心に，それぞれのスペクトルが互いに鏡像関係になっている．これは，アントラセンでは，基底状態と励起状態の構造がほぼ一致しており，励起状態において原子核の配置がほとんど変化しないことによるものである．このような現象は，アントラセンのような複数のベンゼン環が連結した構造をもつ分子でしばしば見られるが，一般には，蛍光の 0→0 遷移の方が吸収の 0→0 遷移よりも低エネルギー側，すなわち長波長側に観測される場合が多い．これは，基底状態と励起状態では安定な構造や溶媒との相互作用の様式が異なるので，前節で述べた原子核の配置の変化や，溶媒分子の配向の変化によって励起状態が安定化するためである．図 5・7 に，蛍光の 0→0 遷移が長波長側に観測される例として，蛍光剤としてよく用いられているフルオレセインの吸収，および蛍光スペクトルを示した．

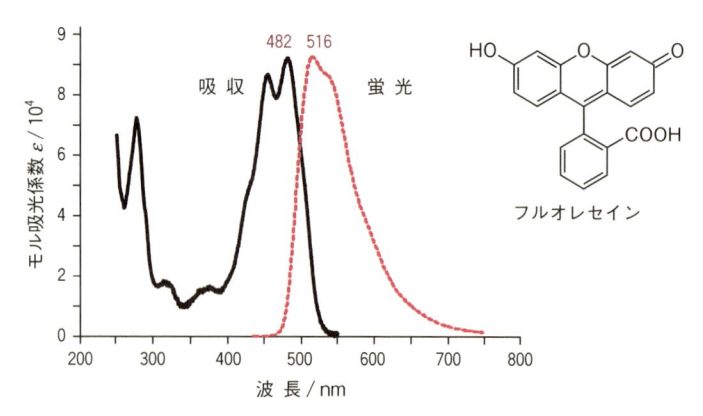

図 5・7 フルオレセインの構造式と，エタノールを溶媒として測定した吸収，および蛍光スペクトル（励起光波長 425 nm）．蛍光スペクトルは最大強度が，吸収スペクトルの最大強度と一致するように描かれている．スペクトル上の数字は極大波長を表す．[スペクトルは，S. Prahl のデータ (http://omlc.ogi.edu/spectra/PhotochemCAD/html/010.html) を基に作成]

励起状態の寿命

すでに述べたように,光を吸収した分子は内部変換によって,直ちに最も安定な励起一重項状態 S_1 の最も低い振動エネルギー状態になる.そしてその状態は,無放射遷移,蛍光の放射,励起三重項状態への項間交差,あるいは反応のいずれかの過程によって消失する.励起状態の**寿命**,すなわち励起状態が維持されている時間的な長さは,分子によってかなり差があり,その分子の光化学的性質を支配する重要な要因の一つとなる.

励起状態の寿命は,つぎのように定義される.まず,励起状態にある分子を M^*(* は励起状態にあることを示す)で表し,M^* が消失する速度 v を考えよう.v は,1秒間に消失する M^* の個数を意味している.全体の M^* の数が多いほど,消失する M^* も多いから,次式が成り立つ.

$$v = k[M^*] \tag{5・1}$$

ここで,$[M^*]$ は M^* のモル濃度であり,M^* の個数を,溶液 1 L(リットル:1 L $= 1000 \text{ cm}^3$)に含まれる M^* の物質量で表したものである.(5・1)式の比例定数 k を**速度定数**という.M^* のモル濃度が同じとき,k が大きいほど M^* はすみやかに消失し,一方,k が小さいほど,長時間にわたって励起状態 M^* が維持されていることになる.ここで,励起状態 M^* の寿命 τ(タウと読む)は,(5・2)式によって定義される.

$$\tau = \frac{1}{k} \tag{5・2}$$

一般に,速度定数 k の単位は s^{-1}(毎秒)が用いられるので,寿命 τ の単位は s(秒)となる.

励起状態 M^* の寿命 τ を求めるにはどうしたらよいだろうか.(5・1)式から数学的な計算により,ある時刻 t における励起状態のモル濃度 $[M^*]$ は,

$$[M^*] = [M^*]_0 \, e^{-kt} \tag{5・3}$$

と表される.あるいは,自然対数 ln を用いて,

$$\ln[M^*] = \ln[M^*]_0 - kt \tag{5・4}$$

となる.ここで,$[M^*]_0$ は時刻 $t=0$ における励起状態のモル濃度である.したがって,時間による $[M^*]$ の変化を調べれば,(5・3)式,あるいは(5・4)式から速度定数 k がわかり,(5・2)式から M^* の寿命 τ が得られる.

蛍光を放射する物質では,蛍光を利用して τ を求めることができる.すなわち,蛍光の強さ I_f は励起状態にある分子の濃度 $[M^*]$ に比例するので,時刻 $t=0$ におけ

る蛍光の強さを I_{f0} とすると，(5・5)式が成り立つ．

$$I_f = I_{f0} e^{-kt} \tag{5・5}$$

ただし，M* の寿命 τ は，一般に，$10^{-9} \sim 10^{-6}$ 秒といったきわめて短い長さなので，それより短い時間に瞬間的に分子 M を励起できる光源を用い，励起後に放出される蛍光の強度変化を $10^{-9} \sim 10^{-6}$ 秒の時間尺度で追跡する装置が必要となる．このような手法を**閃光光分解**といい，光源には**レーザー**が用いられる（レーザーについては，§9・4 で述べる）．

図 5・8 に，閃光光分解により励起一重項状態の寿命を測定した例を模式的に示した．蛍光強度 I_f の時間変化の測定から，この例では，励起一重項状態の寿命 τ として 5.3×10^{-9} 秒が求められる．このように，励起状態の寿命といっても，その時間ですべての励起状態が消失してしまうわけではない．実際には，寿命 τ は "$t=0$ において [M*]$_0$ であった励起状態の濃度が，τ 後には $\frac{1}{e} \times$ [M*]$_0 \approx 0.368$ [M*]$_0$ に減少する" という意味をもつ（ここで e は自然対数の底 e=2.71828… である）．

このように，励起一重項状態の寿命は蛍光を利用して測定されるので，**蛍光寿命**ともよばれる．前節で述べた "蛍光の持続性" とは，蛍光寿命のことにほかならない．同様に，燐光の測定からは，**燐光寿命**，すなわち励起三重項状態の寿命が求められる．

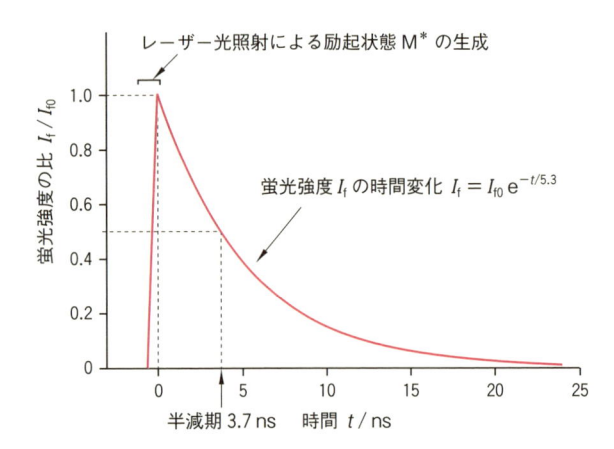

図 5・8　閃光光分解による励起一重項状態の寿命測定の例．蛍光強度 I_f の時間変化を観測し，得られた曲線を，(5・3)式を用いて解析することによって，励起状態の寿命 τ=5.3 ns（ナノ秒：10^{-9} 秒）が求められる．蛍光強度が $t=0$ のときの半分になるまでの時間を**半減期** $T_{1/2}$ という．半減期と寿命とは，$T_{1/2} = (\ln 2) \tau \approx 0.693\tau$ の関係がある．

■ 量 子 収 率

§4・2において，試料溶液によって吸収された光量 I_{abs} は，試料分子が吸収した光子の数を意味することを述べた．吸収された光量を，試料溶液によって吸収された光のエネルギー E_{abs} として測定すると，試料分子が吸収した光子の数 I_{abs} は，次式で求めることができる．ν と λ はそれぞれ，照射光の振動数と波長であり，$h\nu$ は光子1個のエネルギーである．

$$I_{abs} = \frac{E_{abs}}{h\nu} = \frac{E_{abs}\lambda}{hc} \tag{5・6}$$

ここで，"試料溶液が1個の光子を吸収すると，1個の分子が励起される"ことを仮定すれば，I_{abs} 個の光子が吸収されると，I_{abs} 個の励起状態の分子が生成することになる．生成した励起状態の分子は，前節で述べたさまざまな過程をたどって，もとの分子に戻るか，あるいは反応によって別の分子に変換される．このとき，吸収された光子の数 I_{abs} に対する，ある過程をたどった分子数の比率を，その過程の**量子収率**，あるいは量子収量という．

$$量子収率 = \frac{発光，項間交差，反応などある特定の過程をたどる励起分子の数}{吸収された光子の数 (I_{abs})}$$

いくつかの過程の量子収率は，実験によって求めることができる．たとえば，蛍光によって放出される光子の数を測定すれば，"蛍光の量子収率"を求めることができる．また，光化学反応によって生成する物質の物質量を求めれば，"反応の量子収率"を得ることができる．量子収率は，励起状態がどのような過程を経て消失するかを定量的に表したものであり，反応機構の議論や発光材料の評価などの際に重要な値となる．

量子収率がもつ意味を，反応速度の観点から考えてみよう．図5・9は，分子 M の励起一重項状態 $M^*(S)$ のたどる過程を，模式的に表したものである．$M^*(S)$ がそれぞれの過程を経て消失する速度は，(5・1)式のように，それぞれの過程の速度定数 k_d, k_f, k_{isc}, k_r と励起状態の濃度 $[M^*(S)]$ との積で表される．$M^*(S)$ は，このうちのいずれかの過程を経て消失するから，たとえば，反応の量子収率 ϕ_r は，次式で表されることになる．

$$\phi_r = \frac{k_r}{k_d + k_f + k_{isc} + k_r} \tag{5・7}$$

さらに，(5・7)式の分母 $k_d + k_f + k_{isc} + k_r$ は，励起一重項状態 $M^*(S)$ が消失する過程の速度定数 k_s にほかならないから，(5・2)式より，次式が成り立つ．

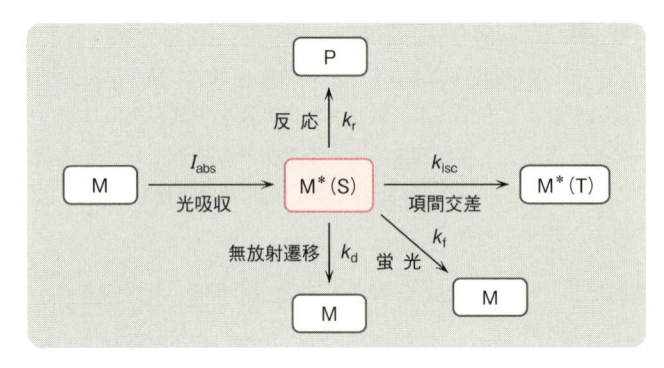

図 5・9 励起一重項状態 M*(S) の生成と消失の過程. ここで, I_{abs} は単位時間に M が吸収する光子の数, M*(T) は励起三重項状態, P は反応による生成物を表す.

$$\phi_r = \frac{k_r}{k_s} = k_r \tau_s \tag{5・8}$$

ここで, τ_s は励起一重項状態 M*(S) の寿命である. こうして, 実験によって τ_s と ϕ_r を決定すると, 反応の速度定数 k_r を得ることができる.

5・3 励起状態の分子における分子間相互作用

これまでは, 光を吸収して励起状態になった分子が, 単独で失活する過程について述べてきた. しかし, 励起状態にある分子はその寿命の間に, 他の分子とさまざまな相互作用をすることが知られている. この過程によって, ある分子が吸収した光のエネルギーが他の分子に移動するので, 光と物質の関わりの多様性が著しく広がることになる. 後述するように, 私たちの身近な光化学反応にも, このような現象を利用したものがいくつか見られる. 本節では, 励起状態の分子がたどる過程の一つとして, 他の分子との関わりについて述べる.

■ 増感と消光

まず, 励起状態の分子と基底状態の分子との相互作用について, 代表的な例を示すことにしよう. 光化学反応の実験でよく用いられる高圧水銀ランプからは, 波長 366 nm の光が放出される. ベンゾフェノン (Bp, 図 4・8 参照) はこの光を吸収できるので, 液体窒素で冷却した Bp の溶液にこの光を照射すると, Bp の燐光が観測される. 一方, ナフタレン (Np, $C_{10}H_8$) の励起一重項状態のエネルギー準位は 366 nm の光のエネル

ナフタレンの構造式

ギーよりもずっと高いので，Np にこの光を照射しても何も起こらない．ところが，Np と Bp を共存させて 366 nm の光を照射すると，Bp の燐光ではなく，Np の燐光が観測される（図 5・10 (a)）．この現象は，光を吸収したのは Bp であるにもかかわらず，光を吸収しなかった Np の励起三重項状態が生成したことを示している．

この一見，不思議な現象は，つぎのような過程を経て進行する（図 5・10 (b)）．

❶ **Bp による光の吸収と励起一重項状態 S_1 の生成**　波長 366 nm の光のエネルギーは 325 kJ mol^{-1} であり，Bp の S_1 のエネルギー 320 kJ mol^{-1} より大きい．光を吸収した Bp 分子は内部変換により，S_1 の最低の振動エネルギー状態となる．

❷ **Bp の S_1 の項間交差による励起三重項状態 T_1 の生成**　Bp の項間交差の量子収率は，ほぼ 1 であることが知られている．項間交差によって励起三重項状態となった Bp は，内部変換により 290 kJ mol^{-1} のエネルギーをもつ T_1 となる．

❸ **Bp の T_1 の失活に伴う Np の T_1 の生成**　Np の T_1 のエネルギーは 255 kJ mol^{-1} であり Bp の T_1 よりも低いため，この過程がすみやかに進行する．この過程を，**励起エネルギー移動**という．

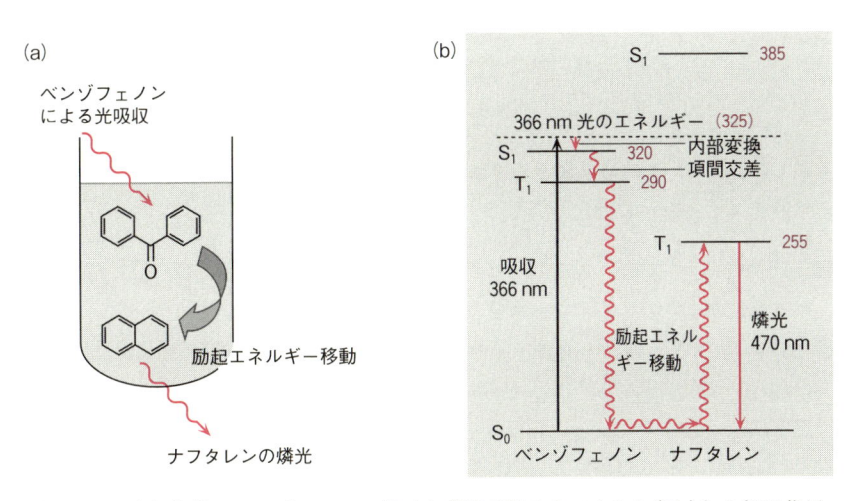

図 5・10　励起状態のベンゾフェノン(Bp)と基底状態のナフタレン(Np)との相互作用．(a) Bp と Np の溶液を液体窒素で冷却し，Bp が吸収する波長 366 nm の光を照射すると，Np の燐光が観測される．(b) 励起状態の Bp と Np のエネルギー図．Bp の S_1，T_1 のエネルギー準位はそれぞれ，320, 290 kJ mol^{-1}，Np の S_1，T_1 のエネルギー準位はそれぞれ，385, 255 kJ mol^{-1}．366 nm の光子のエネルギーは 325 kJ mol^{-1} である（図中に赤字で示す）．Bp の光吸収と内部変換，さらに項間交差を経て生じた T_1 から Np への励起エネルギー移動によって，Np の T_1 が生成する．

❹ **Np の T₁ の燐光放出による S₀ への失活**　無放射遷移が抑制される液体窒素温度（−196℃）では，Np の燐光が観測される．

上記の例では，Bp の存在によって，光を吸収しない Np の光化学過程が進行している．このように，励起状態の分子と相互作用することによって，基底状態の分子の光化学過程が誘発されることを**増感**といい，Bp のように増感をひき起こす物質を**増感剤**という．一方，見方を変えると，上記の例では，Np の存在によって，光化学過程を起こすはずの Bp の励起状態が失われている．このように，励起状態の分子が，基底状態の分子と相互作用することによって失活することを**消光**といい，Np のように消光をひき起こす物質を**消光剤**という．増感と消光は，励起状態の分子と基底状態の分子との相互作用を議論する際の，最も基本的な概念となる．

■ 分子間相互作用の様式 (1)：励起エネルギー移動

上記のベンゾフェノンとナフタレンのように，励起状態の分子と，基底状態にある他の分子との相互作用は，一般的につぎのように表すことができる．＊は，印をつけた分子が励起状態にあることを表す．

$$\text{M} \xrightarrow{h\nu} \text{M}^*$$

$$\text{M}^* + \text{Q} \xrightarrow{\text{励起エネルギー移動}} \text{M} + \text{Q}^*$$

上式では，M は Q の増感剤としてはたらいており，Q は M* の消光剤となっている．励起エネルギー移動については，つぎのことが知られている．

❶ M* から Q へ励起エネルギー移動がすみやかに起こるためには，M* のエネルギー準位が Q* のエネルギー準位よりも高くなければならない．

❷ 励起エネルギー移動の前後で，全体のスピン状態は保存される．これより，M の励起一重項状態を M*(S)，励起三重項状態を M*(T) とすると，基底状態が一重項状態の分子 Q(S) との相互作用は，つぎの二つに分類される．

　① M*(S) + Q(S) ⟶ M(S) + Q*(S)
　② M*(T) + Q(S) ⟶ M(S) + Q*(T)

特に，前章で述べたように，分子が光を吸収しても直接，励起三重項状態は生成しないので，②の過程は，励起三重項状態 Q*(T) を生成させる反応として有用である．この反応は**三重項増感反応**とよばれ，増感剤には，ベンゾフェノンのように項間交差の量子収率が高く，励起三重項状態の寿命が長い物質が用いられる．

❸ 励起エネルギー移動が起こるしくみはいくつか知られているが，ほとんどの場合，励起エネルギー移動は光の放出と吸収を伴わずに進行する．おもな機構として，M* と Q の衝突によるものと，M* と Q の空間を通した電気的な相互作用によるものがある．後者の機構によって，励起状態の分子 M* の大きさの数十倍も離れたところにある Q に励起エネルギーが移動する場合もある．

■ 分子間相互作用の様式 (2)： 光誘起電子移動

励起状態の分子における分子間相互作用の様式には，励起エネルギー移動のほかに，もう一つ重要な様式がある．これは，分子が光を吸収して励起状態になると，電子を放出しやすくなったり，電子を受け入れやすくなったりすることによるものである．化学反応ではしばしば，分子間で電子が移動することがあるが，光を照射することによって起こる電子移動過程を，特に，**光誘起電子移動**という．

光誘起電子移動は，電子を出しやすい性質（**電子供与性**という）をもつ分子と，電子を受け取りやすい性質（**電子受容性**という）をもつ分子が共存する場合に起こる．分子軌道の観点からみると，電子供与性分子（英語名 electron donor より D で表す）は，エネルギーの高い最高被占軌道（HOMO，§4・1参照）をもっている．一方，電子受容性分子（英語名 electron acceptor より A で表す）は，エネルギーの低い

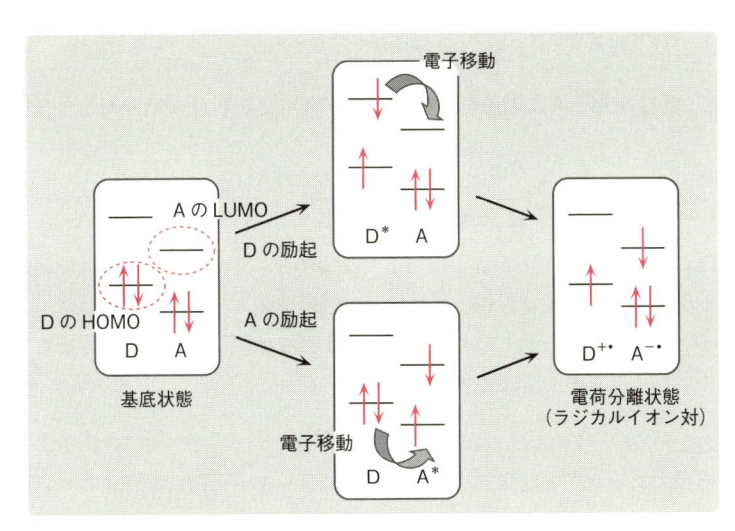

図 5・11 光誘起電子移動．D は電子供与性分子であり，エネルギーの高い最高被占軌道（HOMO）をもつ．一方，A は電子受容性分子であり，エネルギーの低い最低空軌道（LUMO）をもつ．

最低空軌道（LUMO，§4・1 参照）をもつ分子である．D と A が共存するとき，D から A へ電子が 1 個移動する過程が，**電子移動**である．一般の分子では，A の LUMO の方が D の HOMO よりもエネルギーが高いので，D と A を混合しても電子移動は進行しない．ところが，図 5・11 に示すように，D または A が光を吸収して励起状態になると，電子移動が発熱的に，すなわちエネルギーの放出を伴う過程として進行することがわかる．言い換えると，<u>D が光を吸収して励起状態 D^* になると，その電子供与性は基底状態よりもさらに増大し，また，A が光を吸収して励起状態 A^* になると，その電子受容性は基底状態よりもさらに増大する</u>のである．

電子移動の結果，D が 1 個の電子を失った化学種 $D^{+\bullet}$ と A が 1 個の電子を獲得した化学種 $A^{-\bullet}$ が生じる．これらは，電荷をもち，かつ対を形成していない電子を 1 個もつ化学種であり，一般に，**ラジカルイオン**とよばれる．正電荷をもつ $D^{+\bullet}$ をラジカルカチオン，負電荷をもつ $A^{-\bullet}$ をラジカルアニオンという．

この現象を，励起状態の分子と基底状態の分子との相互作用の観点からみると，つぎの二つの場合に分類することができる．

① 電子供与性分子 D が増感剤となり，電子受容性分子 A が消光剤となる場合．

$$D \xrightarrow{h\nu} D^*$$
$$D^* + A \xrightarrow{電子移動} D^{+\bullet} + A^{-\bullet}$$

② 電子受容性分子 A が増感剤となり，電子供与性分子 D が消光剤となる場合．

$$A \xrightarrow{h\nu} A^*$$
$$D + A^* \xrightarrow{電子移動} D^{+\bullet} + A^{-\bullet}$$

図 5・12 に，電子供与性分子 D が増感剤となる場合について，光誘起電子移動のエネルギー図を示した．光誘起電子移動は，前項の励起エネルギー移動とは，励起状態の分子と基底状態の分子との相互作用という点では同じであるが，さまざまな点で異なっている．それらをまとめておこう．

❶ 励起エネルギー移動では，励起状態の分子がもつエネルギーが M から Q へ移動しただけであるが，光誘起電子移動では，エネルギーの種類が変化している．すなわち，光誘起電子移動ではラジカルイオン対（$D^{+\bullet}A^{-\bullet}$）が生成するが，これは分子の励起状態とは異なっている．この状態は電気的に中性の状態（DA）から，電子が 1 個 D から A へ移動した状態であり，**電荷分離状態**とよばれる．

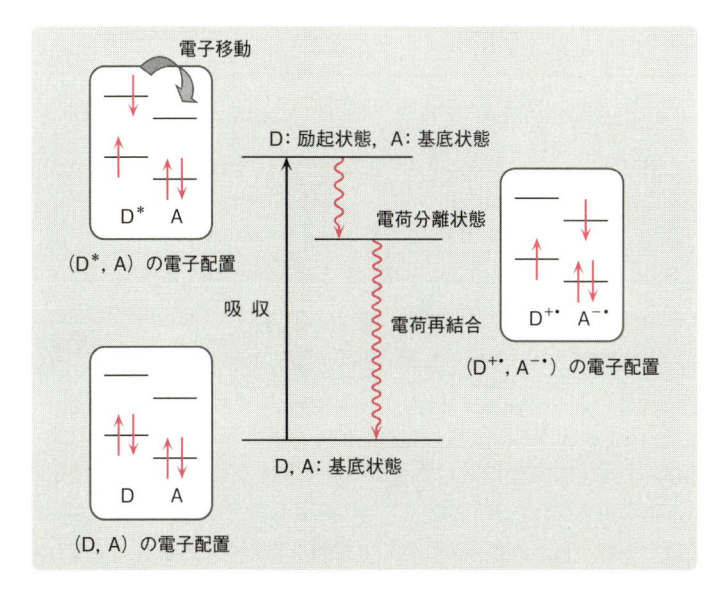

図 5・12 電子供与性分子 D を増感剤とする光誘起電子移動のエネルギー図.

❷ 電荷分離状態（$D^{+•}A^{-•}$）は，分子が獲得した光のエネルギーを部分的に保持した高いエネルギー状態にある．その失活過程は，次式で示される．

$$D^{+•} + A^{-•} \xrightarrow{\text{電荷再結合}} D + A$$

この過程は $A^{-•}$ から $D^{+•}$ への電子移動であるが，電荷分離状態が消失する過程であることから，特に，**電荷再結合**とよばれる（図 5・12）．

❸ 光誘起電子移動の起こりやすさは，D の電子供与性と A の電子受容性の強さ，および光を吸収した分子の励起状態のエネルギーに依存する．さらに，電子移動に伴う分子構造の変化や，周囲にある溶媒などの配向の変化が少ない方が，電子移動に有利であることが知られている．

最後に，光エネルギー変換の観点から，光誘起電子移動の重要性を強調しておこう．電子供与性分子 D を増感剤とする場合について，光の吸収から，光誘起電子移動までの一連の過程をまとめると次式のようになる．

$$D \xrightarrow{h\nu} D^* \xrightarrow{A} D^{+•} + A^{-•}$$

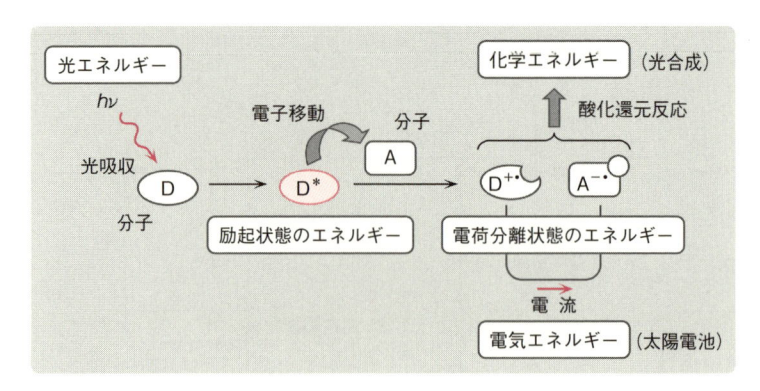

図 5・13　光誘起電子移動を経由する光エネルギー変換の模式図

　この過程によって生じた $D^{+•}$ は電子不足の化学種であるから，他の分子から電子を奪い取る物質，すなわち酸化剤としてはたらくはずである．一方，$A^{-•}$ は電子過剰の化学種であるから，他の分子に対して電子を押しつける物質，すなわち還元剤となるであろう．こうして，$D^{+•}$ によって酸化反応を起こし，$A^{-•}$ によって還元反応を起こすことができれば，光のエネルギー $h\nu$ は，酸化還元反応によって物質がもつ化学エネルギーに変換されたことになる．一方，$D^{+•}$ と $A^{-•}$ が生成すると，$A^{-•}$ から $D^{+•}$ への電子の流れ，すなわち電流が生じるから，これを外部に取出すことができれば，光のエネルギー $h\nu$ は，電気エネルギーに変換されたことになる．すなわち，光誘起電子移動は，光-化学エネルギー変換，および光-電気エネルギー変換のための，最も基本的な現象ということができる（図 5・13）．実際に，緑色植物が営む光合成は，光のエネルギーを用いて CO_2 が糖類に還元され，水が酸素に酸化される壮大な光化学反応であり，光誘起電子移動を利用した効率のよい光-化学エネルギー変換システムである．また，分子間の光誘起電子移動を経由する光-電気エネルギー変換は，ある種の太陽電池の原理となっている．これらについては，それぞれ第8章と第9章で改めて述べる．

■ シュテルン-フォルマーの式

　励起状態の分子と相互作用する分子の存在は，前節で述べた励起状態の分子がたどる過程に影響を与える．そして，その影響の大きさを定量的に解析することにより，励起状態の分子と基底状態の分子との相互作用が，どの程度の速さで起こるかを知ることができる．

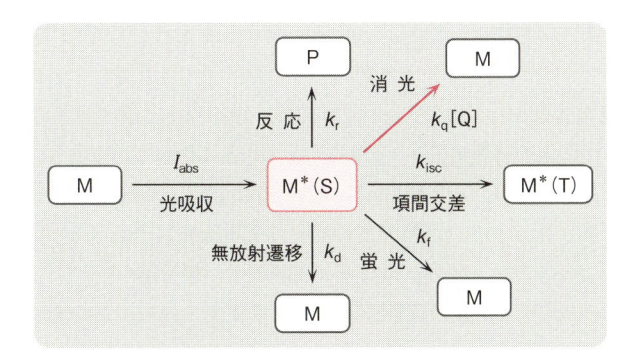

5・3 励起状態の分子における分子間相互作用

図 5・14 消光剤 Q が存在する場合の励起一重項状態 M*(S) の生成と消失の過程

図 5・14 は，増感剤 M の励起一重項状態 M*(S) を消光する分子 Q が存在する場合に，M*(S) がたどる過程を示したものである．この図は前節の図 5・9 に，Q による消光過程を付け加えたものであるが，消光の速度は消光剤の濃度 [Q] にも比例するので，消光過程の速度定数は $k_q[Q]$ となっている．前節と同様の取扱いによって，たとえば，Q が存在するときの蛍光の量子収率 ϕ_f は，次式で与えられる．

$$\phi_f = \frac{k_f}{k_d + k_f + k_{isc} + k_r + k_q[Q]} \tag{5・9}$$

ここで消光剤 Q が存在しないときの蛍光の量子収率 ϕ_f^0 は (5・10)式で表されるから，

$$\phi_f^0 = \frac{k_f}{k_d + k_f + k_{isc} + k_r} \tag{5・10}$$

(5・9)式と (5・10)式より，次式が成り立つことになる．

$$\frac{\phi_f^0}{\phi_f} = 1 + \frac{k_q[Q]}{k_d + k_f + k_{isc} + k_r}$$
$$= 1 + k_q \tau^0 [Q] \tag{5・11}$$

ここで τ^0 は Q が存在しないときの M*(S) の寿命である．(5・11)式は，蛍光の量子収率の比 $\dfrac{\phi_f^0}{\phi_f}$ は，消光剤の濃度 [Q] に対して直線的に変化し，その傾きは $k_q \tau^0$ となることを示している．蛍光の量子収率の比は，同一条件下で測定した蛍光強度の比 $\dfrac{I_f^0}{I_f}$ に等しいので，さまざまな [Q] について蛍光強度 I_f を測定し，(5・11)式に従って直線を描くとその傾きから $k_q \tau^0$ が得られる．さらに，M*(S) の寿命 τ^0 がわかっていれば，M*(S) と Q との反応の速度定数 k_q を求めることができる．

実際に,多くの反応について,(5・11)式が成り立つことが実験的に確かめられており,この式は,励起状態の分子と基底状態の分子との相互作用を定量的に解析するための重要な式となっている.(5・11)式は,1919年にこの式を実験的に導いたドイツ生まれの米国の物理学者シュテルン(O. Stern, 1888〜1969)とドイツの化学者フォルマー(M. Volmer, 1885〜1965)の名をつけて,**シュテルン-フォルマーの式**とよばれている.図5・15に,消光剤の濃度による蛍光スペクトルの変化と,その結果をシュテルン-フォルマーの式によって解析した例を示した.なお,シュテルン-フォルマーの式は,消光の機構に関わらず成立するので,この実験から,分子間相互作用の様式が励起エネルギー移動か,あるいは光誘起電子移動かを判別することはできない.

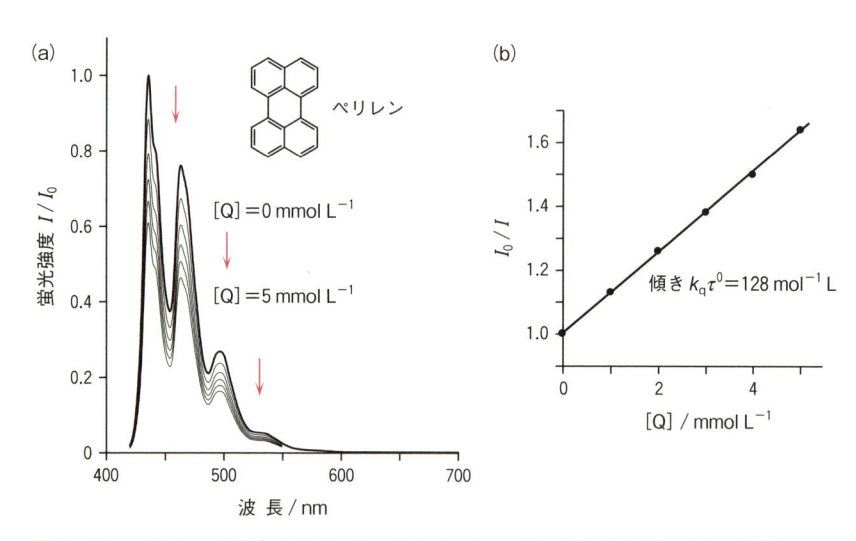

図5・15 ペリレンの蛍光のN,N-ジエチルアニリン$C_6H_5N(CH_2CH_3)_2$による消光とシュテルン-フォルマーの式による解析.(a) ペリレンの構造式と,消光剤Qの添加による蛍光強度Iの減少.縦軸はQがないときの蛍光強度I_0に対する相対的な値を示している.(b) ペリレンの蛍光のQによる消光のシュテルン-フォルマーの式による解析.ペリレンの励起一重項状態の寿命τ^0は6.4 nsであることが知られているので,得られた直線の傾きから,消光過程の速度定数$k_q = 2.0 \times 10^{10}\ mol^{-1}\ L\ s^{-1}$が求められる.

6　色とは何か

　私たちは，さまざまな色に囲まれて生活している．私たちは自然界にある木々の緑に安らぎを感じ，四季折々に咲くさまざまな彩りの花を楽しんでいる．一方で，私たち人類は，自然界にないさまざまな色をつくり出し，絵画などの芸術や染色などの技術に利用してきた．白と黒しかない世界を想像してみると，色は，私たちの生活をいかに豊かなものにしているかがわかる．実は，物質がもつ多彩な色も，その物質と光との関わりによって生み出されるものなのである．本章では，"物質がもつ色とは何か"について，これまでに得た知識をもとに，原子・分子の視点から考えてみよう．

6・1　光と色の関わり

　§2・1において，私たちは，およそ400 nmから800 nmの波長領域の電磁波を見ることができ，しかも波長の違いを色として識別できることを述べた．このように，一般に色とは，"私たちの視覚のうち，光の波長の違いによってひき起こされる感覚"をいう．たとえば，ナトリウムNaを含む化合物を加熱すると，波長589 nmの電磁波が放出されるが，私たちにはこの光は黄色に見える．しかし，身のまわりの物質をみるとわかるように，色をもつ物質は，必ずしも光を放出しているわけではない．私たちには木々の葉が緑色に，またリンゴが赤く見えるのはなぜだろうか．本節では，私たちが色を認識するしくみに基づいて，光と物質がもつ色との関わりを説明する．

■ 光の色とその認識

　私たちは，可視光領域の電磁波の波長の違いを識別することができ，一般に，それを7種類の色として表現する．図6・1には，7色の名称を，それぞれに対応する波長領域の位置に示した．もっとも，それぞれの色を示す波長領域は定義されたものではなく，たとえば，赤と橙を区別する波長が決まっているわけではない．また，おそらく，色の感じ方は個人によっても異なることだろう．このことからわかるよ

6. 色とは何か

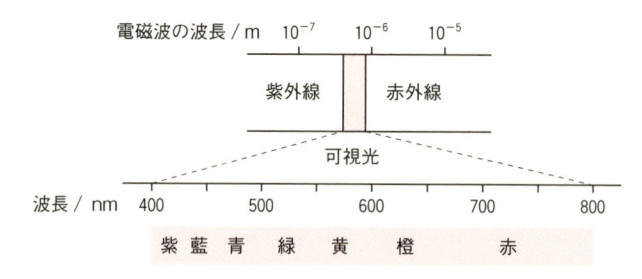

図 6・1 可視光の領域と波長に対応する色の一般的な名称

うに,光の色とは,光がもつ物理的性質ではなく,あくまでも光によってひき起こされた私たちの心理的事象であることに注意する必要がある.

さて,光は,私たちの目の網膜とよばれる組織にある視細胞によって,感知される.これは,視細胞を構成するタンパク質に含まれる**レチナール**とよばれる分子が,光により励起されて化学反応を起こし,その結果が視神経を経て脳に伝達されたものである.この化学反応については第8章で述べることとして,ここでは,視細胞によって吸収される光の波長に注目することにしよう.

視細胞には,微弱な光を感知する桿体細胞と,色の識別に関わる錐体細胞の2種類がある.私たちの網膜には,桿体細胞が約1億個,錐体細胞が300万個含まれて

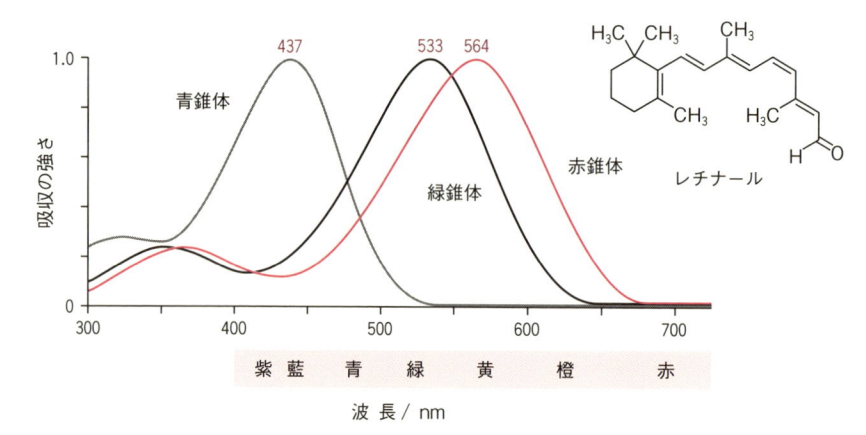

図 6・2 ヒトの錐体細胞の紫外可視吸収スペクトルとレチナールの構造式.細胞の中ではレチナールは,末端の酸素原子の位置でタンパク質と結合している(§8・2 参照).スペクトルの上の数字は,それぞれの吸収極大波長 λ_{max} を表している.縦軸は,それぞれの λ_{max} における吸光度を1とする相対的な吸収の強さを示している.

6・1 光と色の関わり

いる．さらに，錐体細胞は，吸収する光の波長領域によって3種類に分類できることがわかっている．図6・2に，それぞれの吸収スペクトルを示した．吸収の強さは，それぞれの錐体細胞の感度を表しており，感度の高い波長領域の色に対応してそれぞれ，青錐体，緑錐体，赤錐体とよばれている．なお，これらの吸収はいずれも，それぞれの細胞に含まれるレチナールに由来するものであり，その分子を取り囲むタンパク質の部分構造が異なることによって，異なる吸収スペクトルを与えている．

以上の事実から，私たちは，"3種類の錐体細胞が励起された比率に応じて，視神経に生じる信号"を色として認識していることがわかる．たとえば，励起状態のナトリウム原子から放出される波長589 nmの光は，赤錐体と緑錐体を励起し，青錐体をほとんど励起しない．この状態から視神経に生じる信号が脳に伝達されると，私たちはその光を，黄色と認識するのである．589 nmが"黄色い光の波長"というわけではない．

§2・1で述べたように，17世紀にニュートンは，白色光が多くの異なる色の重ね合わせであることを示した．私たちが，それぞれ吸収波長領域の異なる3種類の錐体細胞を用いて色を認識していることを考えると，"白色光とは，3種類の錐体細胞をすべて同程度に励起させる光"となる．実際，3種類の錐体細胞のそれぞれを

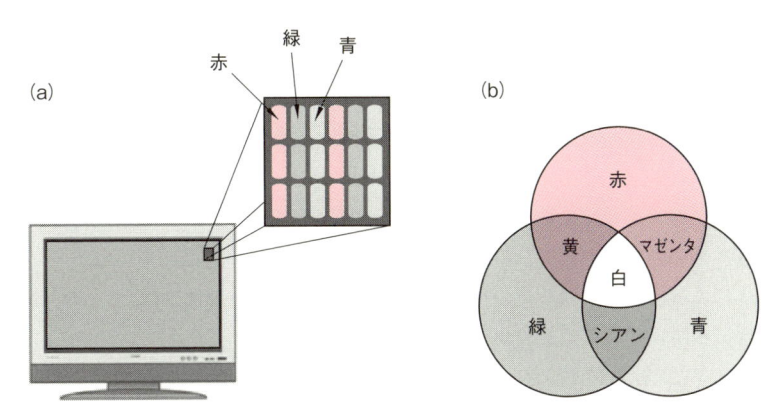

図6・3 光の三原色とその利用．(a) カラーディスプレイは，三原色の光を放出する微小な点から構成される（赤は英字redからR，緑は英字greenからG，青は英字blueからBと表記される）．RGBの強度を変化させることにより，あらゆる色を表示することができる．(b) 光の三原色とその混合による色．マゼンタは赤紫色，シアンは空色である（図6・6参照）．

励起させる波長領域の光, すなわち

① 650〜700 nm 付近に極大をもつ光（私たちには"赤"に見える）
② 550 nm 付近に極大をもつ光（私たちには"緑"に見える）
③ 450 nm 付近に極大をもつ光（私たちには"青"に見える）

を混合すると, 白色光が得られる. また, これら3種類の光の強度を変えて混合するだけで, あらゆる色の光をつくり出すことができる. この原理は, カラーディスプレイの表示に利用されている. これらのことから, 赤, 緑, 青の光は, **"光の三原色"** とよばれる（図6・3）.

ところで, たとえば赤色の光, 正しく言い換えれば, "私たちが赤と認識する650〜700 nm 付近に極大をもつ光" はどうやってつくるのだろうか. もちろん, この波長領域に蛍光, あるいは燐光を放出する性質をもつ物質を用いればよいが, そのような物質は限られている. 現在用いられている多くのディスプレイでは, 緑色と青色の光を吸収する物質の入った透明な板（カラーフィルターという）に, 白色光を透過させることによって赤色の光を得ている. すなわち,

$$（赤色の光）=（白色光）-[（緑色の光）+（青色の光）]$$

というわけである. 実は, 私たちの身のまわりにある物質の色は, このようにして現れる色なのである. これについて, 次項で詳しく述べることにしよう.

■ 吸収による色

私たちが物体を見ることができるのは, 太陽光や蛍光灯などから放射された光が物体の表面で反射して私たちの目に入るからである. 太陽光や蛍光灯の光は白色光であるから, 物体の表面で可視光領域の光がすべて反射されれば, その物体は白色に見える. しかし, その物体が, 可視光領域の光の一部を吸収する場合には, その物体は色をもつことになる. そして, 物体が可視光領域のすべての光を吸収してしまえば, その物体は黒色となる.

物体によって吸収される光の色と, その物体がもつ色との関係は, "光の三原色"の原理に基づいて考えるとわかりやすい. たとえば,

$$（緑色の光）=（白色光）-[（赤色の光）+（青色の光）]$$

であるから, 私たちの目に赤色に見える光と, 青色に見える光の波長領域を吸収する物質は, 緑色に見えることになる. 植物の葉にはさまざまな色素が含まれているが, その最も主要なものは **クロロフィル a** とよばれる物質であり, この物質が, 光合成において光を吸収する役割を担っている（§8・1参照）. 図6・4に, クロロ

6・1 光と色の関わり

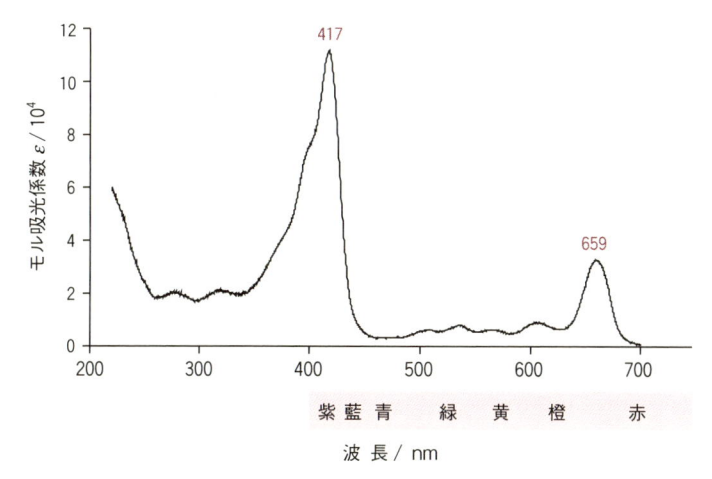

[グラフ: クロロフィル a の紫外可視吸収スペクトル。縦軸 モル吸光係数 ε/10⁴ (0〜12)、横軸 波長/nm (200〜700)。ピーク 417 と 659。下部に波長帯: 紫 藍 青 緑 黄 橙 赤]

図 6・4 メタノールを溶媒として測定したクロロフィル a の紫外可視吸収スペクトル.スペクトルの上の数字は吸収極大波長を表す.[スペクトルは,S. Prahl のデータ (http://omlc.ogi.edu/spectra/PhotochemCAD/html/122.html) を基に作成]

フィル a の紫外可視吸収スペクトルを示した.クロロフィル a は 410 nm 付近の紫から青色の光と,650 nm 付近の赤色の光を強く吸収することが示されており,私たちの目には,この物質が緑色に見えることが理解できる.このように,植物の葉が緑色に見えるのは,緑色の光が吸収されずに,葉の表面で反射していることを意味しているのである.

[構造式: クロロフィル a の構造式]

青色の光,すなわち 450 nm 付近の光を吸収する物質は何色に見えるだろうか.
$$（白色光）-（青色の光）=（赤色の光）+（緑色の光）$$
であるから,図 6・3 (b) より,赤色の光と緑色の光を足し合わせた色である"黄

6. 色とは何か

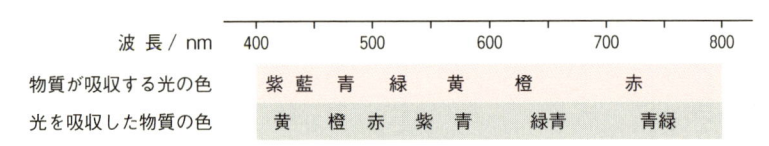

波長 / nm	400	500	600	700	800
物質が吸収する光の色	紫 藍 青	緑	黄 橙	赤	
光を吸収した物質の色	黄 橙 赤	紫 青	緑青	青緑	

図6・5 物質が吸収する光の色と，光を吸収した物質がもつ色とのおおよその関係

色"に見えることがわかる．図6・5には，可視光領域の光について，物質が吸収する光の色と，その物質がもつ色とのおおよその関係を，一般的な色の名称で示した．第4章で述べたように，物質がどの波長領域の光を吸収するかは，物質を構成する原子・分子の電子状態を反映して，その物質に固有のものとなる．吸収スペクトルの吸収極大波長が少し異なっただけで，私たちの目には，色調が異なって見える場合も多い．

図6・3(b)に示したように，赤色の光（650〜700 nm付近に極大をもつ光）を吸収する物質は，緑色の光と青色の光を足し合わせた色になる．この色はシアンとよばれ，青色よりも明るく，空色と表現できる色である．また，緑色の光（550 nm付近に極大をもつ光）を吸収する物質は，赤色の光と青色の光を足し合わせた色になる．この色はマゼンタとよばれ，赤紫色とよべる色である．ここで，物質が吸収する光の色と，光を吸収した物体がもつ色との関係，たとえば，

    青色　と　黄色
    赤色　と　シアン
    緑色　と　マゼンタ

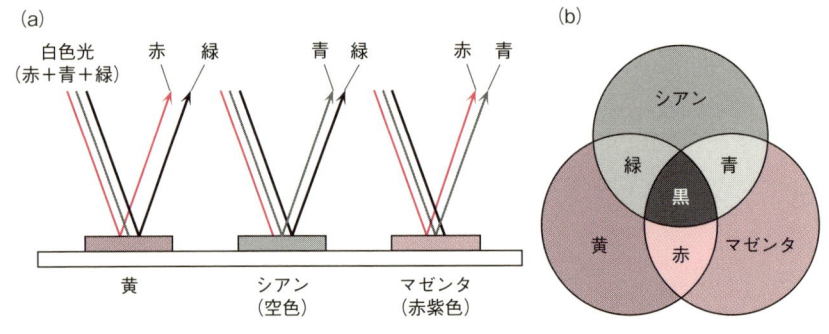

図6・6 色の三原色．(a) 三原色による光の吸収．(b) 色の三原色とその混合による色．シアンは英字cyanからC，マゼンタは英字magentaからM，黄色は英字yellowからYで表記される．CMYを適切に混合することにより，あらゆる色をつくることができる．

6・1 光と色の関わり

を，**補色**の関係という．さて，補色の関係にある二つの色を混ぜ合わせたら，何色になるだろうか．青色は赤色の光と緑色の光を吸収した色であり，黄色は青色の光を吸収した色だから，結局，赤色，緑色，青色の光がすべて吸収されることになり，黒色となる．また，黄色とシアンとマゼンタを適切な比率で混ぜ合わせれば，青色，赤色，緑色の光を適切な比率で吸収する色ができるから，すべての色をつくり出すことができる．これらのことから，黄色，シアン，マゼンタは，**"色の三原色"** とよばれている（図6・6）．

"色の三原色"を適切に混合するとすべての色が表現できることは，絵画のみならず，染色，塗装といった技術においても重要である．また，私たちが普段用いているカラープリンターにも基本的に"色の三原色"に対応する3種類のインクやトナーが使用され，それらを適切に混合することによって，さまざまな色を印刷している．図6・7に，カラープリンターに使用されている3種類のインクの紫外可視吸収スペクトルの一例を示した．シアンは私たちの目に赤色に見える光，マゼンタは緑色に見える光，黄は青色に見える光の波長領域に，それぞれ強い吸収をもっていることがわかる．

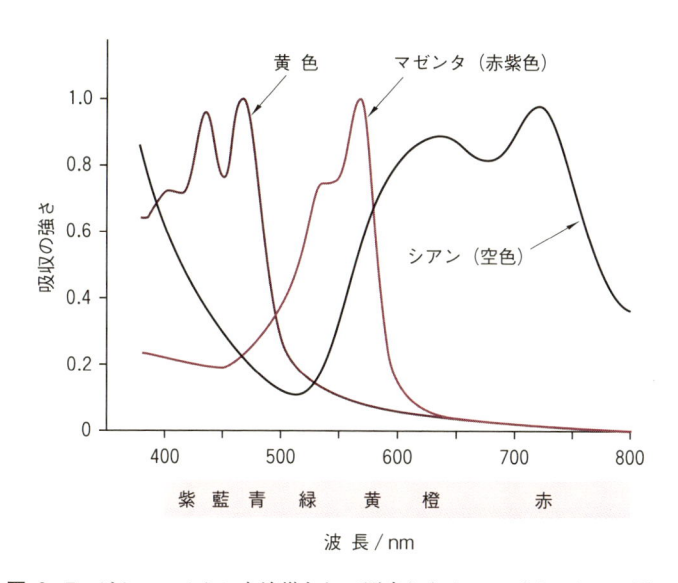

図 6・7 ジクロロメタンを溶媒として測定したカラープリンターに用いる3種類のインクの紫外可視吸収スペクトルの一例．縦軸はそれぞれ，最も強い吸収の吸光度を1とする相対的な吸収の強さを示している．

6・2 分子の構造と色

前節では，私たちの身のまわりの物質がもつ色は，その物質による可視光領域の光の吸収に由来することを述べた．第4章で述べたように，分子による光の吸収は，基底状態にある分子の励起状態への電子遷移に伴うものであり，その分子の分子軌道に基づいて理解することができる．したがって，分子から構成される物質がもつ色もまた，分子軌道に基づいて理解したり，予測したりすることが可能となる．本節では，分子の構造と色との関係について，分子軌道に基づいて解説する．

■ 電子の非局在化と光の吸収

§4・1において，分子による光の吸収は，基底状態から励起状態への電子遷移によるものであることを述べた．したがって，その電子遷移に必要なエネルギーが可視光領域のエネルギーの範囲にあれば，その分子から構成される物質は色をもつことになる．さらに，第4章では，多くの場合，分子における電子遷移は特定の分子軌道間の電子の遷移に帰着できること，また吸収スペクトルにおいて最も長波長側に観測される吸収は，最高被占軌道（HOMO）の電子の最低空軌道（LUMO）への遷移に由来することを述べた．これらのことから，<u>物質を構成する分子のHOMOとLUMOのエネルギー差が小さいときには，その物質は色をもつ</u>ということができる．このことを具体的な例によって，確かめてみよう．

一般に，分子の吸収スペクトルにおいて，長波長領域に現れる強い吸収は，π-π^* 遷移に由来する吸収である場合が多い（§4・1参照）．エチレン $CH_2=CH_2$ は π-π^* 遷移を示す最も簡単な分子の一つであるが，その吸収極大波長は 162 nm で，無色透明の物質である．ところが，エチレンを2個，あるいは3個連結した分子では，依然として無色ではあるものの，その吸収極大波長はかなり長波長側に移動する．

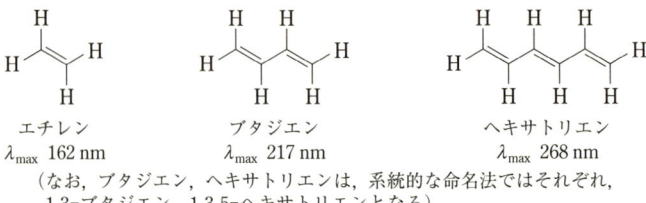

エチレン
λ_{max} 162 nm

ブタジエン
λ_{max} 217 nm

ヘキサトリエン
λ_{max} 268 nm

（なお，ブタジエン，ヘキサトリエンは，系統的な命名法ではそれぞれ，1,3-ブタジエン，1,3,5-ヘキサトリエンとなる）

この事実は，ブタジエンは，単に2個のエチレンが結合した分子ではないことを意味している．実際，図6・8 (a) に示すように，ブタジエンでは4個の炭素原子のそれぞれがもつ 2p 軌道が相互作用し，分子全体に広がった π 軌道を形成している．こ

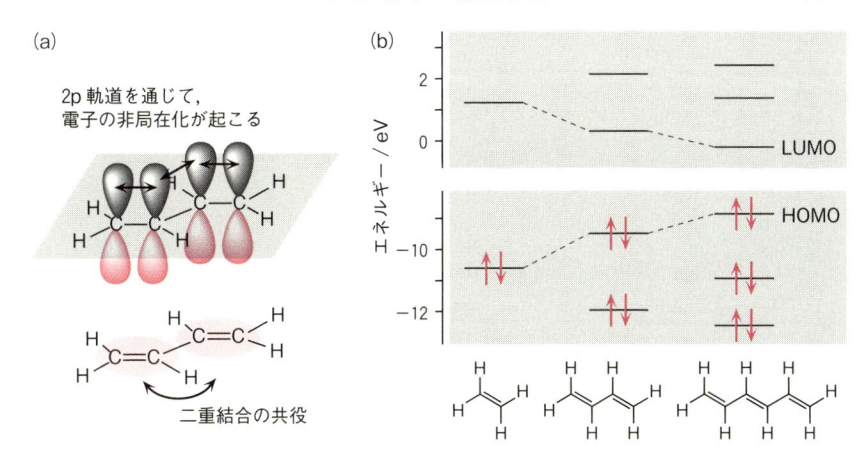

図 6・8 二重結合の共役と分子軌道. (a) ブタジエン $CH_2=CHCH=CH_2$ における二重結合の共役と電子の非局在化. (b) 半経験的分子軌道法によって求めたエチレン, ブタジエン, ヘキサトリエンの π 軌道エネルギー.

の結果, 2p 軌道の電子はそれぞれの二重結合に縛られることなく, 分子全体を動きまわることができ, これによって分子全体のエネルギーは安定化するのである. ブタジエンに見られるように, 二重結合が単結合をはさんで相互作用しあうことを二重結合の**共役**といい, 二重結合の共役によって電子が分子全体を動きまわることを, 電子の**非局在化**という.

図 6・8 (b) には, 上記の三つの化合物について, 半経験的分子軌道法によって求めた π 軌道のエネルギー準位を示した. エチレンについては, 図 3・14 に示した分子軌道のうち, Ψ_6 と Ψ_7 だけを取出したものに相当する. ブタジエンでは二重結合の共役によって, エチレンとは異なるエネルギーをもつ軌道が生じ, その結果, エチレンよりも HOMO が上昇し, LUMO が低下していることがわかる. これが, ブタジエンの π-π* 遷移が, エチレンよりも長波長側に現れた理由である. さらに共役を伸ばしたヘキサトリエンでは, HOMO と LUMO のエネルギー差がさらに減少しており, π-π* 遷移が, ブタジエンよりも長波長側に移動したことと対応している. このように, 一般に, 二重結合が共役すると, HOMO と LUMO のエネルギー差は減少する. さらに, 共役の程度が大きいほど, そのエネルギー差は小さくなり, π-π* 遷移は長波長側に移動する.

分子内に多数の二重結合をもつ分子のうち, 二重結合が互いに共役しているものを**共役ポリエン**という. 共役ポリエンの共役をどこまで伸ばしたら, π-π* 遷移が

6. 色とは何か

n	λ_{max}/nm
1	162
2	217
3	268
4	304
5	334
6	364
7	390
8	410
10	447

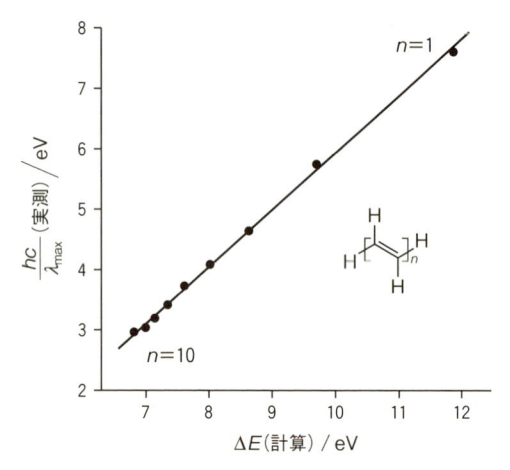

図 6・9 共役ポリエン H+CH=CH+$_n$H の吸収極大波長 λ_{max}, および λ_{max} から得られる電子遷移エネルギー hc/λ_{max}(実測)と半経験的分子軌道法によって求めた HOMO と LUMO のエネルギー差 ΔE(計算)との相関 (eV: 電子ボルト, $1\,eV \approx 96.485\,kJ\,mol^{-1}$).

可視光領域にある分子になるだろうか. 一般式 H+CH=CH+$_n$H で示される共役ポリエンが系統的に合成され, その吸収極大波長 λ_{max} が調べられている. 図 6・9 に示した表を見ると, $n=8$ では λ_{max} が可視光領域に入っていることから, n が 8 以上の共役ポリエンは色をもつことがわかる. また, グラフに示すように, λ_{max} から得られる電子遷移エネルギー hc/λ_{max}(実測)と, 分子軌道法で求めた HOMO と LUMO のエネルギー差 ΔE(計算)にはよい相関が見られる. このことは, 分子の吸収スペクトルを解釈したり, 吸収極大波長を予測する際には, 分子軌道に基づいた考え方が有用であることを示している.

実は, 共役ポリエンは私たちの身近にもたくさん存在する. 図 6・2 に示した私たちの視覚をつかさどるレチナールも多数の二重結合をもつ分子である. さらに, 動植物界には, カロテノイドとよばれる共役ポリエン構造をもつ一群の色素が存在している. 図 6・10 には, 最も代表的なカロテノイドである **β-カロテン**の吸収スペクトルを示した. β-カロテンは 11 個の二重結合が共役したポリエンであり, 吸収スペクトルから, 400～500 nm の可視光領域に大きな吸収をもつことがわかる. カボチャやニンジンなどいわゆる緑黄色野菜の色は, この物質に由来しているが, 図 6・5 に示すように, 400～500 nm の光を吸収する物質は黄色から橙色に見えることとよく対応している. β-カロテンは, 動物の体内において視覚に必要なレチナールの

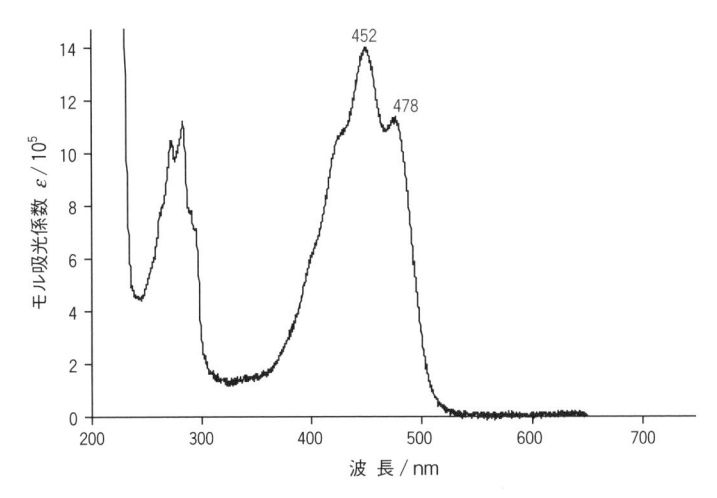

図6・10 ヘキサンを溶媒として測定したβ-カロテンの紫外可視吸収スペクトル.スペクトルの上の数字は吸収極大波長を表す.〔スペクトルは,S. Prahl のデータ (http://omlc.ogi.edu/spectra/PhotochemCAD/html/041.html) を基に作成〕

合成原料となり,また植物の光合成においては,太陽光を吸収するアンテナの役割を果たしている(§8・1参照).

β-カロテンの構造式

　二重結合が共役することによって,π-π* 遷移が長波長側に移動する例をもう一つあげよう.ベンゼン C_6H_6 の構造式は,右図のように,3個のエチレンが環状に配列した構造として描かれる.しかし,ベンゼンは,エチレンのような二重結合をもつ化合物に特有の性質を示さない.また,ベンゼンのすべての炭素-炭素結合は同じ長さであり,二重結合と単結合の中間の値をもっている.これらの実験事実は,ベンゼンが単に環状に配列した3個のエチレンではないことを示している.ブタジエンで述べたように,ベンゼンでは3個の二重結合が互いに共役しており,6個の炭素原子のそれぞれの 2p 軌道の電子は,二重結合の共役を通じて,分子全体を動きまわっているのである.

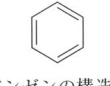

ベンゼンの構造式

6. 色とは何か

ベンゼンの最も長波長側にある吸収帯の最大強度を示す波長 λ_{max} は 255 nm であるが，ベンゼンを 2 個連結したナフタレン $C_{10}H_8$ の λ_{max} は 310 nm，さらに 3 個連結したアントラセン $C_{14}H_{10}$ では 375 nm と，共役の拡大に伴って長波長側に移動する．

ベンゼン
λ_{max} 255 nm

ナフタレン
λ_{max} 310 nm

アントラセン
λ_{max} 375 nm

ナフタレンやアントラセンは無色の化合物であるが，4 個のベンゼン環が直線状に連結したテトラセンになると，λ_{max} が 471 nm と可視光領域に入るため，色をもつことになる．実際，テトラセンの固体は黄色を示し，さらにベンゼン環が 5 個連結したペンタセン $C_{22}H_{14}$ は青色の物質である．

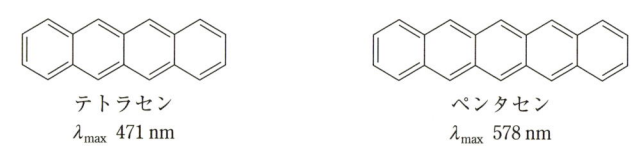

テトラセン
λ_{max} 471 nm

ペンタセン
λ_{max} 578 nm

複数のベンゼン環が直線状に連結した化合物は**ポリアセン**と総称される．λ_{max} が長波長領域に現れることからわかるように，ポリアセンでは，HOMO が上昇し，LUMO が低下している．このことは，ポリアセンが，電子を供与しやすく，また受容しやすいことを意味しており，この性質によりポリアセンは，炭素原子を骨格とする化合物からなる半導体（有機半導体という）や太陽電池への利用のため，近年，注目を集めている．ただし，電子供与性が高い物質は，酸化されやすい，すなわち空気中の酸素によって電子を奪われやすい性質をもつため，ポリアセンは空気中で不安定な物質となる．

■ 錯体の色

前項では，炭素原子と水素原子だけからなる分子について，分子の構造とその分子から構成される物質の色との関係を述べた．しかし，私たちの身のまわりにある有色の物質は，一般にさまざまな種類の原子から構成されており，特に鉄 Fe や銅 Cu などの金属原子を含むものも少なくない．たとえば，私たちの血液は鮮やかな赤色をしているが，これは，赤血球にある**ヘモグロビン**とよばれるタンパク質中の鉄を含む分子に由来している．また，車の塗装や看板などに用いられている青い色の多くは，人工的に合成された**銅フタロシアニン**とよばれる分子によるものである．

6・2 分子の構造と色

酸素分子を結合したヘモグロビンに
含まれる鉄錯体の構造

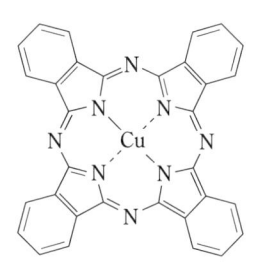

銅フタロシアニンの構造式

　これらの分子は，中心に金属原子が位置し，そのまわりを炭素原子を骨格とする分子（有機分子という）や水 H_2O などの小さい分子，あるいは塩化物イオン Cl^- などの陰イオンが取り囲んだ構造をもっている．このような分子を**錯体**といい，金属イオンを取り囲む分子やイオンは**配位子**とよばれる．

　周期表の3族から12族に属する元素を**遷移元素**，または**遷移金属**という．鉄（8族）や銅（11族）も遷移元素である．特に，遷移元素を含む錯体には，特有の色をもつものが多い．ヘモグロビンの鉄錯体や銅フタロシアニンのように，多数の二重結合が共役した有色の有機分子を配位子とする錯体もあるが，必ずしもそのような錯体ばかりではない．無色の無水硫酸銅(II) $CuSO_4$ を水に溶かすと鮮やかな青色になるが，これは，水中で形成された水 H_2O を配位子とするイオン性の錯体 $[Cu(H_2O)_6]^{2+}$ によるものである（なお，6個の水分子のうち2個は金属イオンから離れて位置しているので，$[Cu(H_2O)_4]^{2+}$ と書くこともある）．また，塩化コバルト(II) $CoCl_2$ を水に溶かすと赤色の溶液が得られるが，この色は $[Co(H_2O)_6]^{2+}$ に由来する．これらの錯体が示す色は，どのような電子遷移によるものだろうか．

　§3・1で述べたように，それぞれの原子は電子配置で特徴づけられるが，3族から11族に属する遷移元素には"不完全に満たされたd軌道をもつ"という共通の特徴がある．たとえば，コバルト原子は27個の電子をもつので，その基底状態の電子配置は，

$$\text{Co:} \quad 1s^2 2s^2 2p^6 3s^2 3p^6 4s^2 3d^7$$

と表される．また，遷移元素の原子が電子を失って陽イオンになる際には，s軌道の電子が優先して除去されるため，Co^{2+} はつぎのような電子配置をもっている．

$$\text{Co}^{2+}: \quad 1s^2 2s^2 2p^6 3s^2 3p^6 3d^7$$

d軌道には，それぞれ磁気量子数が異なる5個の軌道があり，全部で10個の電子を収容できるから，コバルト(Ⅱ)イオン Co^{2+} のd軌道には電子3個分の空きがある．遷移元素を含む錯体がもつ色には，このd軌道にある電子が重要な役割を果たす．

　遷移元素を含む錯体がもつ色も，原理的にはこれまでのように，錯体の分子軌道に基づいて考察することができる．しかし，多数の原子軌道が関与する錯体の分子軌道を正しく求めることは，有機分子の場合ほど容易ではない．このため，遷移元素を含む錯体について，色などの物理的性質を解釈する際には，しばしばその錯体におけるd軌道のエネルギー準位とd軌道にある電子の数のみを考慮する考え方が用いられる．すなわち，単独の金属イオンでは5個のd軌道は同じエネルギー準位にあるが，錯体では配位子の影響によって，それらの間に差が生じると考える．この考え方を**結晶場理論**といい，d軌道のエネルギー準位に差が生じることを**結晶場分裂**いう．そして，差が生じた5個のd軌道に電子を配置することによって，その錯体の物理的性質を理解するのである．

　結晶場分裂の様式は錯体の構造によって異なり，たとえば，$[Co(H_2O)_6]^{2+}$ のような正八面体構造をもつ錯体では，5個のd軌道は，エネルギー準位の低い3個の軌道（t_{2g}軌道という）とエネルギー準位の高い2個の軌道（e_g軌道という）に分裂する（図6・11）．遷移元素のイオンではd軌道が完全には満たされていないので，エネルギー準位の高い軌道には必ず電子を受け入れる余地があり，エネルギー準位の低い軌道からの電子遷移が可能となる．$[Cu(H_2O)_6]^{2+}$ や $[Co(H_2O)_6]^{2+}$ が示す色は，このような分裂したd軌道間の電子遷移，すなわち**d-d遷移**に由来するものとされている．

　また，同じ遷移元素の同じ構造をもつ錯体でも，配位子を変えると，最も長波長側にある吸収極大の波長 λ_{max} が変化し，錯体の色も変わる場合が多い．たとえば，

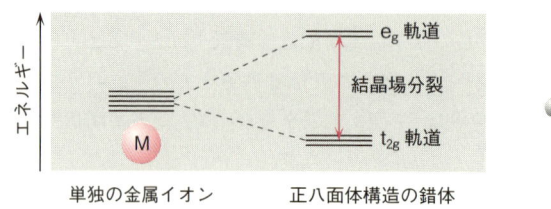

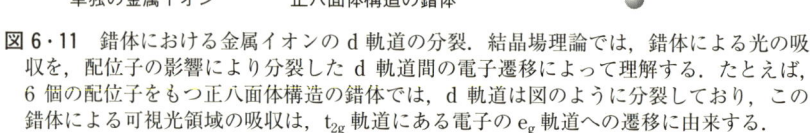

図6・11 錯体における金属イオンのd軌道の分裂．結晶場理論では，錯体による光の吸収を，配位子の影響により分裂したd軌道間の電子遷移によって理解する．たとえば，6個の配位子をもつ正八面体構造の錯体では，d軌道は図のように分裂しており，この錯体による可視光領域の吸収は，t_{2g}軌道にある電子の e_g軌道への遷移に由来する．

6・2 分子の構造と色

正八面体構造をもつチタン(Ⅲ)イオン Ti^{3+} の錯体は，配位子によって λ_{max} がかなり変化する．

$[Ti(H_2O)_6]^{3+}$ $[TiF_6]^{3-}$ $[Ti(CH_3OH)_6]^{3+}$ $[TiCl_6]^{3-}$
λ_{max} 498 nm λ_{max} 529 nm λ_{max} 595 nm λ_{max} 769 nm

結晶場理論ではこの現象は，"結晶場分裂の大きさは配位子に依存するため，配位子によって d-d 遷移に必要なエネルギーが異なる" と考えることによって説明される．すなわち，Ti^{3+} の電子配置は

$$Ti^{3+}:\quad 1s^2 2s^2 2p^6 3s^2 3p^6 3d^1$$

であり，正八面体構造の Ti^{3+} 錯体は t_{2g} 軌道に1個の電子をもつだけなので，錯体の吸収は単純に t_{2g} 軌道から e_g 軌道への d-d 遷移と帰属することができる．上記の配位子による λ_{max} の変化は，"結晶場分裂の大きさは $H_2O > F^- > CH_3OH > Cl^-$ の順に小さくなる" と考えることによって理解することができる（図6・12）．

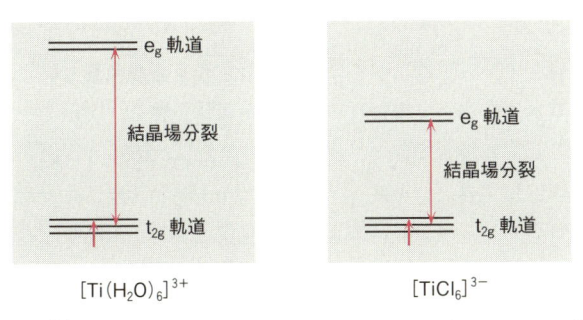

図6・12 Ti^{3+} 錯体における配位子による結晶場分裂の違い．H_2O の方が Cl^- より大きな結晶場分裂を与えるため，d-d 遷移に必要なエネルギーが大きくなる．このため，$[Ti(H_2O)_6]^{3+}$ の方が短波長側に吸収をもつ．

■ 天然色素と合成色素

私たち人類は，**色素**，すなわち色をもつ物質をさまざまに利用して，生活を豊かにしてきた．色素は，塗料やインクに使われるほか，衣類や食料品，あるいはプラスチックなどの染色に用いられる．また，前節で述べたように，着色した光も色素を含むカラーフィルターを用いてつくり出される．さまざまに利用される色素のうち，水や有機溶媒に溶けるものは**染料**，溶けないものは**顔料**とよばれる．染料や顔料に用いられる色素には，色が鮮明であることに加えて，光や，用途によっては熱や化学物質に対する耐久性が要求される．

6. 色とは何か

人類は古代より，自然界にある有色物質を染料や顔料として利用してきた．これらの色素は**天然色素**とよばれ，動植物がつくり出す有色物質のほか，さまざまな鉱物も用いられた．たとえば，硫化水銀(II) HgS を主成分とする辰砂とよばれる鉱物は，古墳内部の装飾や壁画の赤色顔料として使われた．植物に由来する代表的な色素として，アイの葉から得られる藍色色素や，アカネの根から単離される赤色色素があり，いずれも古くから染料として用いられた．しかし，19世紀以降，それぞれの色素を構成する主成分の分子構造が明らかにされ，その人工的な合成法が確立するとともに，その座を合成色素に譲った．

インジゴ（アイから得られる
藍色色素の主成分）の構造式

アリザリン（アカネから得られる
赤色色素の主成分）の構造式

天然色素に対して，人工的につくり出された色素を**合成色素**という．古代より人類は，粘土や草木灰を焼いて得られる有色の金属化合物を，陶磁器を着色するための顔料や絵具として利用してきた．合成染料の歴史は，1856年，医薬品の合成研究をしていた英国の化学者パーキン（W. H. Perkin, 1838〜1907）が偶然，絹を染色できる紫色の物質を発見したことに始まる．それはモーブとよばれ，人類が初めて人工的に合成した染料となった．それ以降，合成化学の発展や，色素の発現機構の理論的な解明に伴い，さまざまな色素が開発され，私たちの生活に利用されている．

現在用いられている合成色素の多くは，石油や石炭を原料とする有機化合物である．合成色素となる有機分子には，基本となる数種類の母体構造があり，それに対するさまざまな置換基の導入などにより，多様な色素がつくり出されている．すでに述べた天然色素のアリザリンの基本骨格であるアントラキノンやインジゴ，さらに遷移元素を含む錯体である銅フタロシアニンも合成色素の母体構造の一つである．そのほかの代表的な母体構造として，アゾ基 −N=N− をもつ**アゾ化合物**がある．アゾ系色素は，さまざまな誘導体が合成できることや合成が容易であることから，アゾ染料，あるいはアゾ顔料として広く用いられている．

アゾ系色素の例
（食用色素赤色40号の構造式）

機能性色素

　私たちは普通，物体に色をつけるために色素を用いる．したがって，色素の色はできるだけ長期間，安定に持続することが求められる．これに対して，もし色素の色が，外部からの刺激に対して鋭敏に変化するならば，色素はその刺激を検出するための手段となる．あるいは，外部からの刺激を情報とすれば，色素はその情報を記録するための手段として利用することができる．このような用途に利用される色素を，一般に，**機能性色素**とよぶ．

　機能性色素は，外部からの刺激によってその分子構造が変化し，それに伴って，可視光領域の吸収が変化する物質である．外部からの刺激として，光，熱，pH，電場，圧力，溶媒，金属イオンなどが可能であり，これによって，着色，消色，あるいは色調の変化などがひき起こされる．機能性色素は，表示材料や記録材料などへの応用を目的として，さまざまな研究が展開されている．

　古くから滴定や比色分析に用いられている**指示薬**も，機能性色素の一つとみることができる．たとえば，酸塩基指示薬は，pH，すなわち水素イオン濃度 $[H^+]$ を外的な刺激とする機能性色素である．この色素は，次式で示される平衡反応において，非解離型 HIn と解離型 In$^-$ の可視光領域の吸収スペクトルが明確に異なることによって，酸塩基指示薬として機能する．

$$HIn \rightleftarrows H^+ + In^-$$

　代表的な酸塩基指示薬である**フェノールフタレイン**は，トリフェニルメタン系色素の一種であり，pH 8.2 以下では無色であるが，pH 8.2〜12.0 で赤紫色に発色する．図 6・13 に，フェノールフタレインの pH による吸収スペクトルの変化を示した．塩基性になるとフェノールフタレインは解離型となり，共役が広がることによって吸収極大が長波長側に移動し，可視光領域に吸収をもつようになる．

フェノールフタレインの構造式

　一方，酸性側の指示薬として用いられる**メチルオレンジ**は，アゾ系色素の一種であり，pH 4.4 以上では橙色であるが，pH 3.1 以下では赤色を呈する．メチルオレン

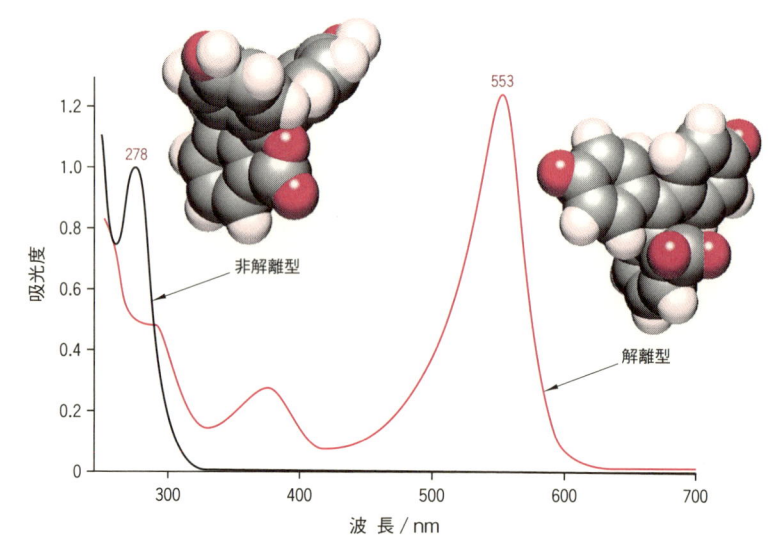

図 6・13 フェノールフタレインの非解離型と解離型の紫外可視吸収スペクトル（非解離型はエタノール-水(4:1)を溶媒として濃度 $5×10^{-4}$ mol L^{-1} で測定；解離型はエタノール-水（4:1）を溶媒とする濃度 $5×10^{-3}$ mol L^{-1} の溶液を pH 10.0 標準水溶液で 20 倍に希釈して測定），および半経験的分子軌道法で計算したそれぞれの安定構造の分子模型．解離型になると，分子の平面性が高くなり共役が広がる．スペクトルの上の数字は吸収極大波長を表す．

ジでは，低い pH 領域において，分子がプロトン H$^+$ と反応して非解離型になると共役が広がり，これによって吸収極大が長波長側に移動し，色調が変化する．

メチルオレンジの構造式

　機能性色素の色が，外部からの刺激に対して可逆的に変化する現象は，**クロミズム**とよばれる．特に，光を刺激とするフォトクロミズム，熱を刺激とするサーモクロミズム，電場を刺激とするエレクトロクロミズムは，機能性材料の開発の観点から興味がもたれている．フォトクロミズムは，光による分子の構造変化を伴う現象であり，次章で詳しく取上げる．

7 光と化学反応

§5・1で述べたように，励起状態となった分子の失活過程の一つとして化学反応があり，これを**光化学反応**とよぶ．太陽光による酸素分子の解離や，生物が営む光合成ももちろん光化学反応であるから，光化学反応は太古の昔から，地球の環境の形成と維持に重要な役割を果たしている．一方で，19世紀以降，さまざまな化合物の光化学反応が研究され，その機構もしだいに明らかにされてきた．現在では，光は一種の試剤として，さまざまな物質の合成にも利用されている．光化学反応と熱反応は，どのような点で異なっているのだろうか．本章では，光化学反応の特徴を概観し，さらに光化学反応の代表的な例として結合開裂反応と異性化反応を取上げ，その機構を解説する．なお，光合成や視覚のしくみなど，生物に関わる光化学反応については第8章で述べる．

7・1 光化学反応の特徴

§2・3では，本書で"光"とよぶ"波長がおよそ200 nmから800 nmの領域にある電磁波"は，分子の結合解離エネルギーと同じ程度のエネルギーをもつため，化学反応を誘起できることを述べた．本節では，熱反応と比較しながら光化学反応の特徴を述べ，その実験方法や反応速度を支配する因子について解説する．

■ 光化学反応と熱反応

光によって起こる光化学反応は，励起状態の分子の反応である．これに対して，通常の化学反応，すなわち**熱反応**は，必要に応じて熱を加えることもあるが，電子的には基底状態にある分子の反応である．図7・1には，塩素分子 Cl_2 の結合開裂反応を例として，光化学反応と熱反応の経路の違いを模式的に示した．光を吸収した塩素分子 Cl_2 は，塩素-塩素結合を解離させるために十分なエネルギーをもっていることがわかる．Cl_2 が光を吸収すると，結合性軌道，あるいは非結合性軌道を占有していた電子が反結合性軌道へと遷移するので，もはや塩素原子間に結合性相互作用は存在しなくなる．一方，基底状態において塩素-塩素結合を解離させるた

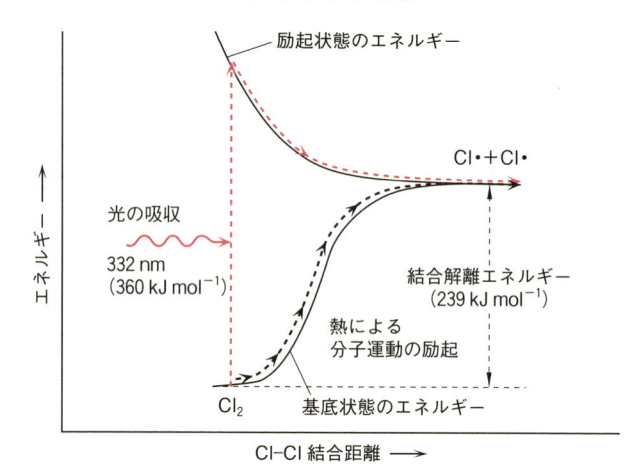

図 7・1 塩素分子 Cl_2 の結合開裂反応のエネルギー図. --→ は光, --▶ は熱による反応経路を表す. 図には Cl_2 の吸収極大波長を示してあるが, 長波長側に吸収が延びているため, 400 nm 程度の光でも Cl_2 を励起することができる.

めには, 結合解離エネルギーに相当するエネルギーを供給しなければならない. 熱反応では, 温度を高めて分子の運動を激しくさせ, 高いエネルギーをもつ分子の割合を増大させることによって, 結合開裂反応を進行させる.

このように, 光化学反応と熱反応は, 全く異なった経路を経て進行する. これによって光化学反応は, 熱反応にはみられないいくつかの特徴をもつことになる. 以下に, それらを要約してみよう.

❶ 光化学反応では, 反応させたい特定の分子だけを選択的に活性化させることができる. 一方, 溶液中の熱反応では, 溶液全体が均一に加熱されるので, 溶媒分子も同時に活性化され, しばしば反応が複雑になる.
❷ 光化学反応は極低温でも進行させることができるため, 熱的に不安定な分子でも合成することができる. たとえば, シクロブタジエン C_4H_4 は不安定な分子であり, 熱反応で発生させると, 直ちに二量化することが知られている. しかし, 下式のように, 光化学反応によって極低温で発生させると安定に存在し, 赤外吸収スペクトルを用いてその構造が調べられている.

❸ 光化学反応は，熱反応とは異なった電子状態から反応が進行するため，熱反応では起こらない反応を起こすことができたり，熱反応とは異なった生成物を与える場合がある．たとえば，§6・2 でも述べた共役ポリエンを加熱するか，光を照射すると環状化合物が得られるが，次式のように，熱反応と光化学反応では生成物の立体構造が異なることが知られている．

(➡ は紙面前方に出ている結合，‖‖‖ は紙面後方に出ている結合を表す．)

このような共役ポリエンの光と熱に対する反応性の違いは，米国の有機化学者ウッドワード (R. B. Woodward, 1917～1979) とポーランド生まれの米国の物理化学者ホフマン (R. Hoffmann, 1937～) によって系統的に研究され，**ウッドワード-ホフマン則**としてまとめられている．

光化学反応の法則

光化学反応に対する一般的な法則として，光化学第一法則と第二法則が知られている．

光化学第一法則 光化学反応が起こるためには，物質に光が吸収されなければならない．したがって，物質に吸収された光だけが，光化学反応をひき起こすことができる．

この法則は，まだ物質の構成に関する知識がほとんどなかった1800年代前半に，ドイツの科学者グロットゥス (C. J. D. T. von Grotthuss, 1785～1822) と英国生まれの米国の科学者ドレーパー (J. W. Draper, 1811～1882) によって独立に提唱されたものであり，**グロットゥス-ドレーパーの法則**ともよばれる．自明のことによう に思われるかもしれないが，物質に対する光の作用の本質を一言で言い表した法則である．

光化学第二法則 1個の分子は1個の光子を吸収して反応する．

これは，光量子説を提案したアインシュタイン（§2・2参照）とドイツの物理学者シュタルク（J. Stark, 1874〜1957）の名をつけて，**アインシュタイン-シュタルクの法則**，あるいは**光化学当量の法則**とよばれる．実は，§5・2において量子収率を定義する際に，"試料溶液が1個の光子を吸収すると，1個の分子が励起される"ことを仮定したが，この仮定は，光化学第二法則に基づくものである．このように，光化学第二法則は，物質と光との相互作用を定量的に解析するための基本となる重要な法則である．

光化学第二法則は，言い換えると，"1個の光子を吸収して励起状態になった分子に対して，その分子が励起状態にある間に2個目の光子が到達することはない"ということである．このことを検証してみよう．例として，波長 254 nm を放出する 100 W（ワット，$1 W=1 J s^{-1}$）のランプを光源として，光源から 30 cm の位置にある試料管に入れたベンゼンの光化学反応を考える（図 7・2）．ランプに供給された電気エネルギーはすべて光子のエネルギーに変換され，ランプからはすべての方向に光子が放出されるとすると，試料管 $1 cm^2$ に1秒間に到達する光子の数は次式で求められる．

$$100 J s^{-1} \times \frac{254 \times 10^{-9} m}{hc} \times \frac{1}{4\pi \times 30^2 cm^2} = 1.1 \times 10^{16} \text{個} cm^{-2} s^{-1}$$

ここで，h, c はそれぞれ，プランク定数，真空中の光速である．実際には，ランプでは供給される電気エネルギーの一部が光子のエネルギーに変換されるだけであり，また実験用のランプは，放出された光を鏡やレンズを使って集光するしくみを備えている．しかし，一般的な光化学反応の光照射条件下では，その光量は 10^{15}〜10^{16} 個 $cm^{-2} s^{-1}$ 程度と考えてよい．さて，ベンゼンの炭素-炭素結合距離はおよそ 1.4 Å（オングストローム，$1 Å = 10^{-8} cm$）であるから，ベンゼンを半径 1.4 Å の円とみなすと，その面積は約 $6.2 \times 10^{-16} cm^2$ となる．したがって，1秒間にベンゼンが受け

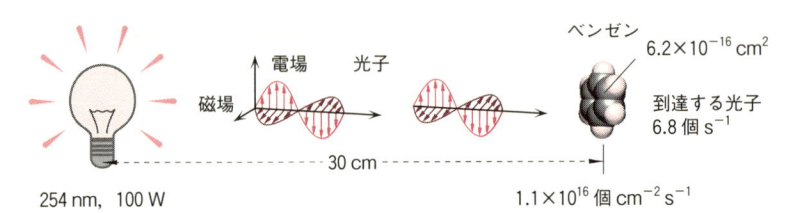

図 7・2 一般的な光化学反応の条件下において，照射される分子に到達する光子の数．光は"1波長分の大きさをもつ電場と磁場の変動"として描かれている（図 2・15 参照）

る光子の数は，
$$(1.1\times10^{16})\text{個 cm}^{-2}\text{ s}^{-1} \times (6.2\times10^{-16})\text{cm}^2 = 6.8 \text{ 個 s}^{-1}$$
となる．言い換えると，1 個の光子を吸収したベンゼンに対して，つぎの光子が到達するのは，平均して約 $\frac{1}{6.8}$ 秒後，すなわち 150 ms（ミリ秒，$1\text{ ms}=10^{-3}\text{ s}$）後ということになる．一方，ベンゼンの励起一重項状態の寿命は 30 ns（ナノ秒，$1\text{ ns}=10^{-9}\text{ s}$）であることが知られている．すなわち，ベンゼンの励起状態の寿命は，光子がベンゼンに到達する時間間隔の 1000 万分の 1 程度であり，1 個の光子を吸収して励起状態になったベンゼンに対して，その励起状態の間に 2 個目の光子が到達する確率はきわめて小さいことがわかる．§5・2 で述べたように，室温における分子の励起状態の寿命は長いものでも µs（マイクロ秒，$1\text{ µs}=10^{-6}\text{ s}$）程度なので，一般の分子でも光化学第二法則が成立することが理解できる．

しかし，近年では，光化学反応の光源としてレーザーを用いることもあり，このような場合には光化学第二法則は成立しない．レーザーは，**パルス光**とよばれるきわめて短い時間幅に多数の光子を含む光を，繰返し放出できる光源である．レーザーの性能は，パルスの時間幅と出力，すなわち単位時間に放出される光子の数で決まるが，たとえば，パルス幅 10 ns で，放出される光子の数が 1 パルスあたり 10^{17} 個 cm^{-2} 程度の出力をもつレーザーが入手できる．このレーザーによって照射されたベンゼンが 1 秒間に受ける光子の数は，次式で与えられる．

$$10^{17}\text{個 cm}^{-2} \times (6.2\times10^{-16})\text{ cm}^2 \times \frac{1}{10\times10^{-9}\text{ s}} = 6.2\times10^9\text{ 個 s}^{-1}$$

したがって，1 個の光子を吸収したベンゼンに対して，0.16 ns 後にはつぎの光子がやってくるので，1 個の分子が複数の光子を吸収することが可能となる．レーザーを用いて 2 光子を吸収させた分子は，通常の光化学反応で生成する励起状態の分子とは異なる反応性を示すことが報告されており，現在も活発な研究が進められている．

■ 光化学反応の速度を支配する因子

一般に，化学反応の速度は，"単位時間における反応物濃度の減少量，あるいは生成物濃度の増加量"で表される．光化学反応の速度は，何によって支配されるのだろうか．

溶液中の分子 M が光を吸収して励起状態 M* になり，生成物 P を与える反応を考えよう．第 5 章で述べたように，励起状態 M* は，熱，あるいは光を放出して M

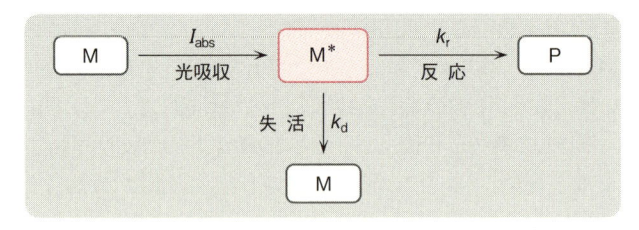

図 7·3 励起状態 M* を経由する反応物 M から生成物 P への光化学反応の過程

に戻る失活過程もあるから，全体の反応過程は図 7·3 のように表される．図において，I_{abs} は単位体積の溶液に含まれる反応物 M が単位時間に吸収する光子の数，k_d はすべての失活過程を併せた失活の速度定数，また k_r は反応の速度定数である．光化学第二法則から，単位時間に生成する M* の濃度は I_{abs} に等しい．したがって，反応速度，すなわち生成物 P の生成速度 v は (7·1)式で表される．これは，反応物 M の減少速度に等しい．

$$v = k_r[M^*] = I_{abs}\frac{k_r}{k_d+k_r} = I_{abs}\phi_r \tag{7·1}$$

ここで，ϕ_r は第 5 章の (5·7)式で定義した"反応の量子収率"であり，光を吸収して励起状態になった反応物 M* がどのくらいの割合で生成物 P を与えるかを表している．このように，<u>光化学反応の速度は，単位時間に反応物が吸収する光子の数と，反応の量子収率に支配される</u>．

さらに，§4·2 において詳しく取扱ったように，反応物が吸収する光子の数 I_{abs} は，照射光の光子の数 I_0，反応物の濃度 [M]，照射光の波長に対する反応物のモル吸光係数 ε に依存し，(7·2)式で与えられる．

$$I_{abs} = I_0(1-10^{-\varepsilon[M]l}) \tag{7·2}$$

ここで，l は反応容器の長さ（光路長）である．(4·11)式に示したように，$\kappa = \varepsilon\ln10 \approx 2.3026\varepsilon$ について，$\kappa[M]l$ に対して $\frac{(\kappa[M]l)^2}{2}$ が無視できるほど $\kappa[M]l$ が小さいときには，(7·3)式が成り立つ．

$$I_{abs} \approx I_0\kappa[M]l \tag{7·3}$$

したがって，この近似が成立する場合には，光化学反応の速度 v は (7·4)式で与えられる．

$$v = I_0\kappa[M]l\phi_r \tag{7·4}$$

(7·4)式は，単位時間における反応物 M の減少量 v が M の濃度 [M] に比例するこ

とを示しており，いわゆる一次反応の反応速度式である．すなわち，反応物の濃度が希薄な場合には，光化学反応は一次反応の反応速度式に従うことが結論される．

光化学反応の実験的手法

光化学反応の研究や光を用いて物質合成を行う際には，反応させる物質が吸収する光の波長領域を調べ，それに応じた光源や反応容器，あるいは溶媒を選択することが重要である．

【光源】 光化学研究の初期には光源として太陽光が用いられていたが，19 世紀後半に電灯が実用化され，光化学研究に用いられるようになった．現在では，さまざまな人工光源が開発され，研究の目的に応じて利用されている．実験室で用いられるおもな光源にはつぎのようなものがある．

❶ **水銀ランプ** 水銀蒸気を封じたガラス管に高電圧をかけて放電を行い，生成した励起状態の水銀原子が放出する発光を利用する．発光波長は水銀蒸気の圧力に依存する．点灯中の圧力が 1～10 Pa のランプは<u>低圧水銀ランプ</u>とよばれ，185 nm と 254 nm の輝線が強力に放射される．<u>高圧水銀ランプ</u>は圧力が 10^5～10^6 Pa のランプであり，図 7・4 (a) に示すように 313, 366, 436 nm などに強い輝線をもつため，有機化合物を対象とする光化学実験によく利用される．なお，Pa（パスカルと読む）は圧力の単位であり，1 Pa は 1 m^2 あたりに 1 N の力がはたらいたときの圧力である（1 Pa = 1 N m^{-2}）．大気圧は約 1×10^5 Pa である．

❷ **キセノンランプ** 10^6 Pa 程度のキセノンを封じたランプであり，放電により紫外線から可視光領域まで連続した光が放出される（図 7・4 (b)）．"光学フィルター"とよばれる特定の波長範囲のみを透過させるガラス板を用いて，実験に必要な波長領域を取出す．

❸ **発光ダイオード**(light emitting diode, LED) 青（470 nm），緑（530 nm），黄（590 nm），赤（620 nm）などがあり（括弧内はそれぞれの最大強度の波長），可視光を用いる光化学実験の光源として利用される．発光の原理については，§9・2 で述べる．

❹ **レーザー** ns, ps といった短い時間幅の強い光が得られるため，§5・2 で述べた励起状態の寿命測定や，短寿命化学種の検出のための光源として利用される．光を放出する物質にはさまざまな物質が用いられ，それぞれ特定の波長の光が放出される（§9・4 参照）．

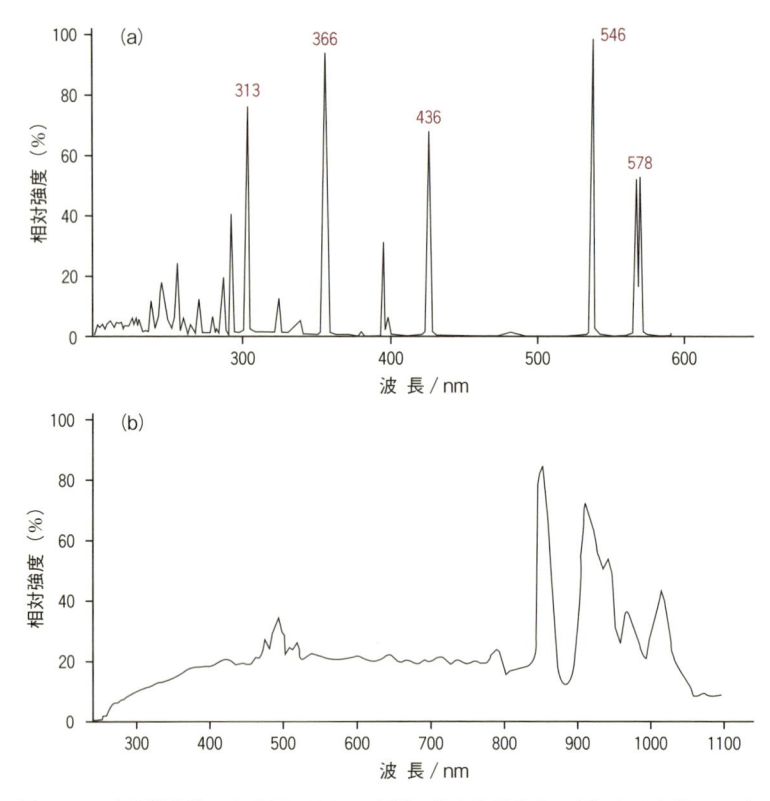

図 7・4 光化学実験によく用いられる光源の発光波長分布. (a) 高圧水銀ランプ, (b) キセノンランプ. [ウシオ電機株式会社 提供]

【反応容器と溶媒】　一般の実験で用いられる硬質ガラスは 300 nm より短波長側を透過しないため,低圧水銀ランプの 254 nm の光を用いる光化学実験では,石英ガラス製の反応容器を用いる必要がある. 溶媒は, 光に対して安定で, 反応させる物質が吸収する波長領域に吸収がないものを選ぶ. 一般に, メタノール, エタノールなどのアルコール類, ヘキサン, アセトニトリルなどが用いられる.

7・2 結合開裂反応

図7・1に示したように励起状態の分子は, 結合解離のために十分なエネルギーをもっているため, 光照射によって容易に分子の結合が開裂する場合がある. 本節では, 光化学反応の代表的な様式の一つである結合開裂反応を取上げ, その具体的な

例を述べる．結合開裂反応は単純な反応であるが，反応性の高い化学種が発生するため，それを用いる合成反応にも利用されている．

■ オゾン層の形成と破壊

まず，地球外の大気圏で太陽光によって起こる光化学反応について述べよう．大気は地表から 100 km 上空まで広がっているが，高度 15 km 程度までを対流圏，その上の 50 km までを成層圏とよぶ．成層圏はオゾン O_3 の濃度が高く，O_3 が高濃度で存在する領域は**オゾン層**とよばれる．図 7・5 に太陽から放射される光のスペクトルを示した．太陽から放射される光のうち，波長 320 nm 以下の紫外線は O_3 によって吸収され，地表には到達しない．この波長領域の紫外線は生命活動に関わる有機分子の分解をひき起こすため，オゾン層は，有害な紫外線から生命を守る防御壁の役割を果たしているのである．

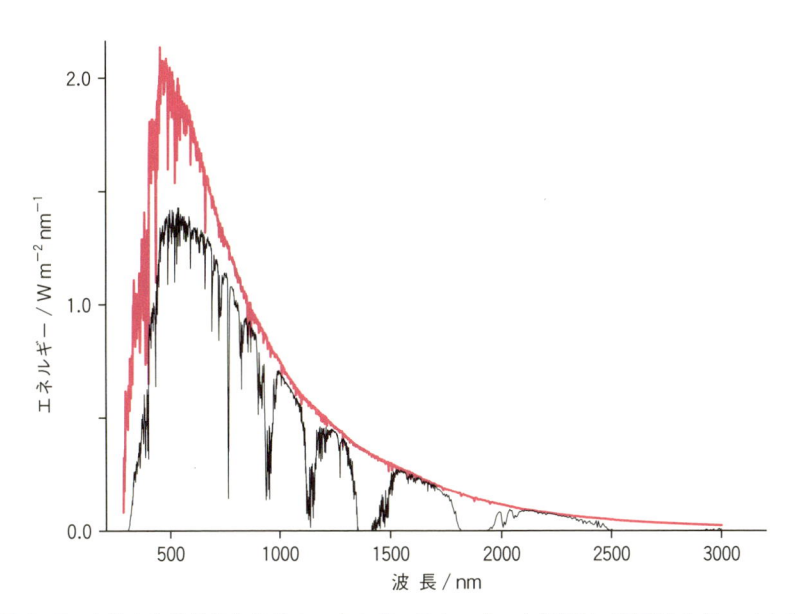

図 7・5　太陽から放射される光のエネルギー分布．赤：大気圏外で測定されるスペクトル．黒：地球表面で測定されるスペクトル．赤線と黒線との差は，大気による散乱や吸収によるものである．黒線の形状には，紫外線領域は O_3，赤外線領域は水 H_2O と二酸化炭素 CO_2 による吸収がおもに寄与している．［米国エネルギー省 国立再生可能エネルギー研究所(NREL)のデータ（http://rredc.nrel.gov/solar/spectra/）(Air Mass 1.5: ASTM E-891 and ASTM E-892, both combined into ASTM G-159) に基づき作成．］

成層圏の O_3 は以下のように，酸素分子の光化学反応によって生成すると考えられている．酸素分子 O_2 は 240 nm より短波長の紫外線を吸収し，結合開裂反応により 2 個の酸素原子が生成する（反応 ①）．

$$O_2 \xrightarrow{\text{光}(<240\,\text{nm})} 2\,\cdot O\cdot$$

酸素原子 O の前後に付した黒丸は，酸素原子が対を形成していない電子を 2 個もっていることを表している．生成した酸素原子は O_2 と反応して，オゾン O_3 が生成する（反応 ②）．

$$\cdot O\cdot + O_2 \longrightarrow O_3$$

O_3 は 200～320 nm の光を吸収し，酸素原子と酸素分子に解離する（反応 ③）．

$$O_3 \xrightarrow{\text{光}(200\sim320\,\text{nm})} \cdot O\cdot + O_2$$

さらに，O_3 は酸素原子と反応して分解し，2 分子の O_2 を与える（反応 ④）．

$$\cdot O\cdot + O_3 \longrightarrow 2O_2$$

成層圏では反応 ①～④ に示す O_3 の生成と分解が釣り合って，オゾン濃度が一定に維持されていると考えられている．

ところが，1970 年代になって，成層圏のオゾン濃度が減少していることが指摘された．特に南極上空では，春季になるとオゾン層が消失して穴があいたように見える現象が観測され，"オゾンホール" とよばれた．これに対して，米国の大気化学者ローランド（F. S. Rowland, 1927～2012）らは，実験に基づいて，オゾン層を破壊する原因物質がクロロフルオロカーボン（CFC）であることを明らかにした．

CFC はフロンともよばれ，メタン CH_4 やエタン CH_3CH_3 が塩素化，およびフッ素化された化合物の総称である．代表的なものとして，$CFCl_3$, CCl_2F_2, $CClF_2CClF_2$ などがあり，冷媒や噴霧剤，発泡剤に適した物理的性質をもち，不燃性や無毒性により多量に使用された．CFC は 220 nm より短波長の光を吸収する．大気に放出された CFC が成層圏に到達して太陽から放射される紫外線を吸収すると，炭素−塩素結合の解離が起こる．

$$CFCl_3 \xrightarrow{\text{光}(<220\,\text{nm})} CFCl_2\cdot + Cl\cdot$$

生成した塩素原子は O_3 と反応し，図 7・6 に示したような連鎖的な機構によって，オゾン層を破壊すると考えられている．

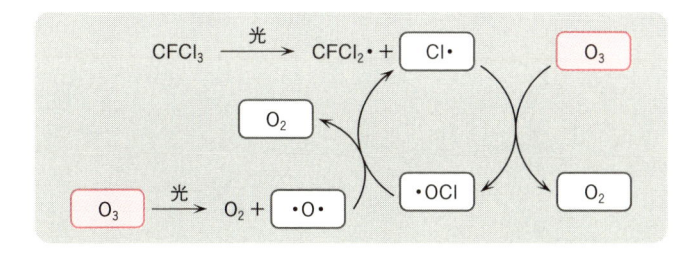

図 7・6 クロロフルオロカーボン（CFC）によってオゾン層が破壊される機構．CFC の例として CFCl₃ を用いた．光による CFC の結合開裂反応によって生じた塩素原子 Cl· が O₃ と反応すると，再び塩素原子が生成する．このため，1 個の塩素原子が生成すると，連鎖的に多数の O₃ が分解される．

ローランドらの発見を機会に CFC に対する国際的な規制が始まり，1987 年には"オゾン層を破壊する物質に関するモントリオール議定書"が採択されて，CFC の製造や消費，および貿易が規制された．先進国では，CFC は 1996 年に全廃されている．

■ アルカンのハロゲン化

炭素原子と水素原子だけから構成される有機化合物のうち，結合がすべて単結合からなり，炭素骨格に環状構造を含まないものを**アルカン**という．メタン CH_4，エタン C_2H_6，プロパン C_3H_8 などは代表的なアルカンである．高等学校で学ぶ有機化学の基本的な反応の一つとして，光によるアルカンの**ハロゲン化**がある．たとえば，メタン CH_4 と塩素 Cl_2 を混合して紫外線を照射すると，CH_4 の水素原子が塩素原子に置換した塩化メチル CH_3Cl が得られる．

$$CH_4 + Cl_2 \xrightarrow{\text{光}(<400\,\text{nm})} CH_3Cl + HCl$$

ハロゲン原子をもつ有機化合物はアルコールやアミンなど，さまざまな有機化合物の合成原料となる．したがって，上記の光化学反応は，石油や石炭から得られるアルカンを，私たちの生活に役立つ物質に変換するための最初の段階として重要な反応である．なお，この反応は熱反応でも進行するが，その場合には 250～400 ℃ に加熱しなければならない．

さて，上記の反応式は単に反応物と最終的な生成物，およびそれらの化学量論的な関係を示しているにすぎない．詳細な研究により，この反応がどのような過程を

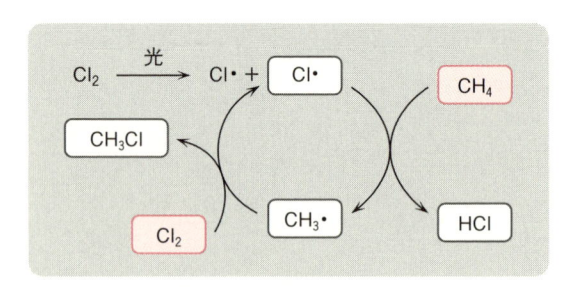

図 7・7 メタン CH_4 と塩素 Cl_2 の光化学反応における塩化メチル CH_3Cl の生成経路．反応は塩素原子 $Cl\cdot$ の発生と，CH_4 との反応によるメチルラジカル $CH_3\cdot$ の生成を経由して，連鎖的に進行する．

経て進行するのかが明らかにされている．CH_4 は 160 nm より長波長側に吸収をもたないので，反応は Cl_2 による光の吸収と，励起状態になった Cl_2 の結合開裂反応によって開始される．

$$Cl_2 \xrightarrow{\text{光}(<400\,\text{nm})} 2\,Cl\cdot$$

塩素原子 $Cl\cdot$ の発生から CH_3Cl の生成に至る過程を図 7・7 に示した．反応は，クロロフルオロカーボンとオゾンとの反応と同様に，連鎖的に進行することが示されている．このことは，CH_3Cl 生成の量子収率が数千になる，すなわち反応系に吸収された光子 1 個に対して，数千個の CH_3Cl 分子が生成するという実験事実と矛盾しない．

反応の途中に生成する $CH_3\cdot$ は，メチルラジカルとよばれる化学種である．メチルラジカルは反応性が高く不安定であり，室温で安定な物質として取出すことはできない．一般に，一つの分子軌道に電子が 1 個しか入っていない場合，その電子を**不対電子**といい，不対電子をもつ分子を**ラジカル**，あるいは**遊離基**とよぶ．

■ 光重合開始剤

私たちの身のまわりにはさまざまなプラスチックが使われているが，ビニル化合物 $CH_2=CHX$（X はさまざまな置換基を表す）から合成されるポリビニル化合物がその多くを占めている．買い物袋やごみ袋などに利用されているポリエチレン，上下水道の配管などに用いられるポリ塩化ビニル，発泡スチロールとして梱包剤に用いられるポリスチレンは，すべてポリビニル化合物である．

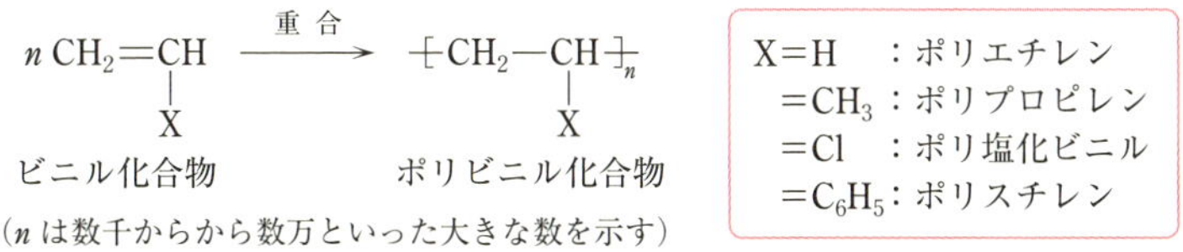

7・2 結合開裂反応

$$n\,CH_2=CH{-}X \xrightarrow{重合} {-}(CH_2-CHX)_n{-}$$

ビニル化合物　　　　ポリビニル化合物
(n は数千から数万といった大きな数を示す)

X=H　　：ポリエチレン
 =CH$_3$　：ポリプロピレン
 =Cl　　：ポリ塩化ビニル
 =C$_6$H$_5$：ポリスチレン

　一般に，ポリビニル化合物のように，ある単位構造が繰返された構造をもつ化合物を**重合体**，あるいは**ポリマー**とよび，その単位構造となる低分子化合物を**単量体**，あるいは**モノマー**という．また，単量体から重合体が生成する過程を**重合**という．重合にはさまざまな方法があるが，微量のラジカルを発生させ，つぎつぎとモノマーと反応させるラジカル重合がよく用いられる．この際，光による結合開裂反応を用いて，重合のきっかけとなるラジカルを発生させる物質を**光重合開始剤**という．図 7・8 には，光重合開始剤を用いたラジカル重合におけるポリビニル化合物の生成過程を示した．

　光重合開始剤には，光によって容易に結合開裂反応を起こし，高い量子収率でラジカルを発生できることが求められる．もちろん，室温で取扱いができる程度の熱的な安定性も必要である．さらに，単量体の吸収と重複しないように，できるだけ

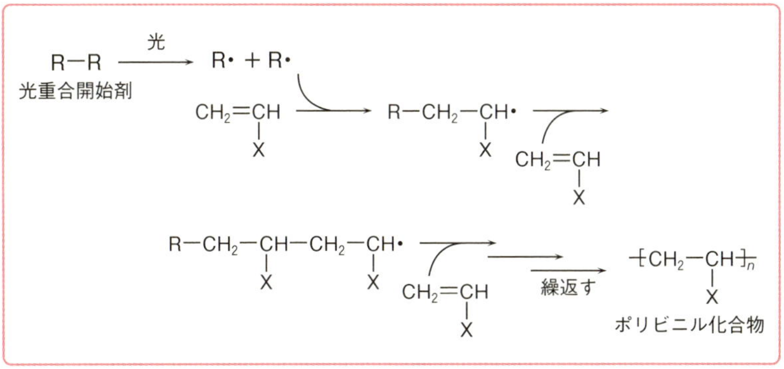

図 7・8 光重合開始剤 R-R を用いたラジカル重合におけるポリビニル化合物の生成過程．光による結合開裂反応によってラジカル R・が発生し，単量体と反応して新たなラジカルが生成する．さらにそのラジカルが単量体と反応して，新たなラジカルが発生する．そのラジカルが単量体と反応し，… と反応が繰返され，重合が進行する．最終的に 2 個のラジカルが反応して共有結合を形成し，ラジカルが消失することによって重合体が得られる．なお，重合体の両端には R が結合しているが，重合体全体の物質量に占める R の比率はきわめて小さいため，R は重合体の性質に影響を与えない．

長波長の光で励起できることが望ましい．実際に光重合開始剤として用いられる化合物として，過酸化ベンゾイル（BPO と略記される）などの過酸化物，あるいは α,α′-アゾビスイソブチロニトリル（AIBN と略記される）がある．

過酸化ベンゾイル（BPO）

α,α′-アゾビスイソブチロニトリル（AIBN）

また，光による炭素-炭素単結合の開裂反応を利用した光重合開始剤として，α,α-ジメトキシ-α-フェニルアセトフェノン（DMPA と略記される）もよく用いられる．DMPA は，長波長領域にカルボニル基 >C=O の n-π* 遷移（§4・1 参照）に由来する吸収をもつため，350 nm 付近の光を用いて励起することができる．

α,α-ジメトキシ-
α-フェニルアセトフェノン
（DMPA）

7・3 異性化反応

前節では，結合の開裂によって分子が 2 個の断片に分かれる反応を扱ったが，分子内で結合の再構成が起こると，同じ分子式をもちながら原子の配列，あるいは立体構造が異なる分子に変化する．これが光による**異性化反応**である．共役ポリエンの環化反応でも述べたように，熱反応では生成しない異性体が光化学反応で得られる場合もあり，合成的な有用性が高い反応も少なくない．光による多くの異性化反応が知られているが，本節では，代表的な二つの反応について述べる．

7·3 異性化反応

■ アルケンのシス-トランス異性化反応

炭素原子と水素原子だけから構成される有機化合物のうち，二重結合を1個もつ化合物を**アルケン**という．エチレン $CH_2=CH_2$ は最も簡単なアルケンである．エチレンにおける光の吸収と，励起状態における構造変化については，すでに§5·1で述べた．光の吸収により反結合性の π^* 軌道に電子が入るため，エチレンの励起状態では π 軌道による結合が開裂した状態になり，炭素-炭素結合のまわりに90°ねじれた構造が安定な構造となる（図5·3参照）．この構造から基底状態へ失活が起こると，π^* 軌道の電子は再び π 軌道に戻り，2個の2p軌道の間に結合性の相互作用が生じる．したがって，炭素-炭素結合が90°ねじれた構造は最も不安定な構造となるから，直ちに熱エネルギーを放出して安定な平面構造へ戻る．図7·9に，エチレンの光吸収から基底状態へ戻る過程を模式的に示した．

図7·9を見ると，ねじれ角が90°の基底状態の分子が，安定な平面構造に戻る際には，光を吸収する前のねじれ角が0°の構造に戻るとともに，ねじれ角が180°，すなわち炭素-炭素結合が回転した構造に変化する可能性があることがわかる．このことは，アルケンのトランス体とシス体が，光によって相互に変換できることを意味している．実際に，たとえば，trans-スチルベンに光を吸収させると，cis-スチルベンが生成する．上述したように，この異性化反応は，励起状態のtrans-スチルベ

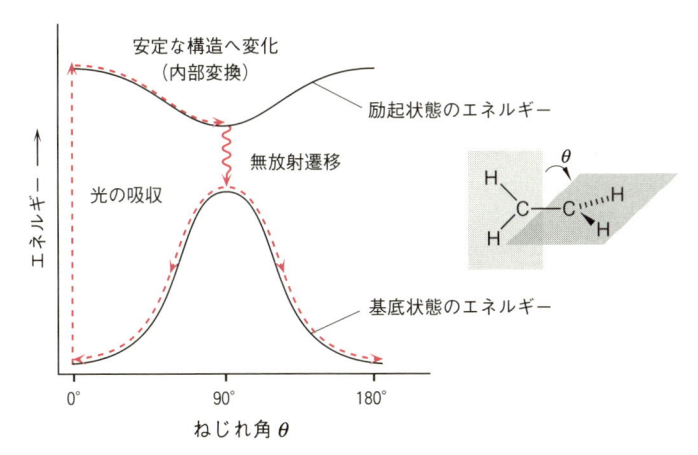

図 7·9　エチレンの基底状態と励起状態のエネルギーのねじれ角依存性．ねじれ角 θ は2個の CH_2 基のそれぞれが形成する平面のなす角度である．破線の矢印は，光を吸収したエチレンが基底状態へ戻る過程を模式的に示している．

ンが構造変化をすることによって生じた"ねじれた状態"を経由して進行するものと考えられる．

$$trans\text{-スチルベン} \rightleftharpoons_{光} (\text{ねじれた状態})^* \rightleftharpoons_{光} cis\text{-スチルベン}$$

同様に，cis-スチルベンが光を吸収すると，trans-スチルベンへの異性化が進行する．このため，トランス体，シス体のいずれから出発しても，長い時間，光照射すると，トランス体からシス体への異性化速度とシス体からトランス体への異性化速度が等しくなったところで，トランス体とシス体の比率は一定になる．この状態を**光定常状態**という．たとえば，光照射に高圧水銀ランプから放出される 313 nm の光を用いた場合には，光定常状態において trans-スチルベンと cis-スチルベンの比率は 8：92 程度となる．

アルケンのシス体とトランス体の相互変換は炭素原子間のπ結合の開裂を伴うから，一般に，アルケンのシス-トランス異性化は熱的には進行しない．光化学反応によって容易にアルケンのシス-トランス異性化が進行することは，合成反応としても価値が高く，また，光を外的な刺激とする機能性材料への応用の観点からも重要である．次章に述べるように，私たちが光を感じることができるのも，基本的には，目の中にある有機分子のシス-トランス異性化反応によるものである．

■ フォトクロミズム

前章で述べたように，**フォトクロミズム**とは，外的な刺激によって物質の色が可逆的に変化する現象のうち，光を刺激とするものをいう．可逆的な過程のうち，少なくとも一つの過程が光によって起こればよい．変化する物質を **A，B** と書くと，フォトクロミズムは一般的につぎのように書くことができる．

$$A \underset{光，または熱}{\overset{光}{\rightleftharpoons}} B$$

A と **B** は吸収極大波長が異なっており，少なくとも一方が可視光領域に吸収をもつことによって，光を刺激として可逆的な色の変化が起こる．以下の例からもわかるように，光による **A** から **B**，あるいは **B** から **A** への変化は，二重結合のシス-トラ

7・3 異性化反応

ンス異性化反応や，環状化合物の開環-閉環反応が用いられる．

フォトクロミズムは，**光機能性材料**への応用の観点から興味がもたれている．明るいところでは着色し，暗くなると直ちに無色となる物質は，サングラスなど透過光の量を調節する材料（調光材料という）に利用できる．逆に，着色体が熱的に安定なフォトクロミズムを示す物質は，光によって書き込みと消去が繰返しできる光記録材料に用いることができる．実際に材料として用いるための問題点は，繰返しに対する耐久性であり，現在も，実用化を目指した活発な研究が行われている．

前項で述べたスチルベンのシス-トランス異性化反応も光による可逆的な反応であるが，いずれも無色の化合物であり色の変化はない．これに対して，スチルベンの CH を窒素原子 N で置き換えた**アゾベンゼン**は，n-π* 遷移（§4・1参照）に由来する弱い吸収を 420 nm にもつので，その溶液は橙黄色に着色している．さらに，アゾベンゼンのトランス体とシス体では，次式に示すように吸収極大波長や同じ波長に対するモル吸光係数が異なっているため，シス-トランス異性化に伴って色の変化が起こる．

trans-アゾベンゼン　⇄（紫外線（313 nm）／可視光（>400 nm））　cis-アゾベンゼン

$\lambda_{max}(\varepsilon)$：314(23 000)，420 nm(500)　　　$\lambda_{max}(\varepsilon)$：281(5250)，420 nm(1550)

（λ_{max} はエタノールを溶媒として測定した吸収極大波長，ε はその波長におけるモル吸光係数を表す）

trans-アゾベンゼンはシス体に比べて，紫外線領域のモル吸光係数が大きいのに対して，可視光領域のモル吸光係数はシス体の方が大きい．このため，*trans*-アゾベンゼンの溶液に紫外線を照射するとシス体への異性化が進行し，これに伴って溶液の黄橙色が濃くなる．この溶液に可視光（>400 nm）を照射すると，*cis*-アゾベンゼンからトランス体への異性化が起こり，溶液の色はもとに戻る．なお，*cis*-アゾベンゼンからトランス体への異性化は熱的にも進行し，室温でも徐々にシス体はトランス体に変化する．

このように，アゾベンゼンはフォトクロミズムを示す代表的な分子であるが，可逆的な色の変化はそれほど著しいものではない．むしろ，アゾベンゼンのフォトクロミズムは，大きな構造変化を伴うことがその特徴といえる．図 7・10 には，半経

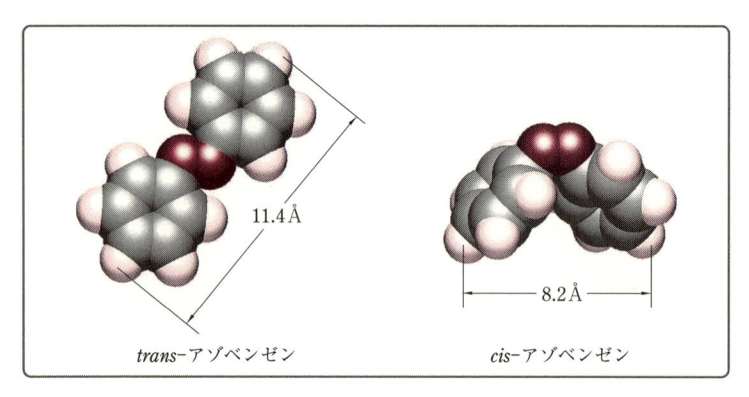

図 7・10 *trans*, および *cis*-アゾベンゼンの安定構造の分子模型. 図中の数字は窒素の *p* 位にある 2 個の水素原子間の距離を示す（1Å $= 10^{-10}$ m）.

験的分子軌道法を用いて計算した *trans*, および *cis*-アゾベンゼンの安定構造の分子模型を示した．トランス体は平面状に広がった構造をもつのに対して，シス体は屈曲型となり，全体に縮まった構造をとることがわかる．

　この性質を利用して，アゾベンゼンは，光によって可逆的に物性を変化させる機能性分子の光受容部位として用いられる．たとえば，下式のようにアゾベンゼン部分を繰返し単位に含む重合体を用いると，その溶液の粘性を光によって可逆的に変化させることができる．トランス体のアゾベンゼンを含む重合体に紫外線を照射すると，シス体への異性化が起こり，それに伴って，重合体の繰返し単位が屈曲型の縮まった構造に変化する．これによって，重合体全体の構造が球状に近くなり分子体積が減少するため，溶液の粘性が低下する．可視光を照射すると，アゾベンゼン部分がトランス体に戻るとともに，溶液の粘性も回復する．この反応においてアゾベンゼン部分は，粘性という溶液の物性を光で制御するためのスイッチとしてはたらいている．

7・3 異性化反応

劇的な色の変化を伴うフォトクロミズムを示す化合物として，**スピロピラン**誘導体がある．スピロピラン型構造に紫外線を照射すると炭素-酸素結合の開裂によって開環反応が起こり，メロシアニン型とよばれる構造に異性化する．スピロピラン型構造は 400 nm 以下の光しか吸収しないが，メロシアニン型構造では共役が分子全体に広がるため，その吸収極大波長は可視光領域に入る．たとえば，下式の化合物では，1,4-ジオキサン $C_4H_8O_2$ を溶媒としてスピロピランに紫外線を照射すると，無色の溶液が鮮やかな青紫色に着色する．

スピロピラン型 ⇌(紫外線/熱) メロシアニン型
無色　　　　　　　　　　　青紫色

また，この化合物では，メロシアニン型からスピロピラン型への異性化反応を起こすために必要なエネルギー（活性化エネルギーという）が比較的小さい．このため，メロシアニン型からスピロピラン型への反応は室温でも容易に進行し，光を断つと，青紫色は数秒で消失して無色の溶液に戻る．この光による着色と消色は，数十回は繰返すことができる．

1900 年代初頭に初めて合成された**フルギド**とよばれる化合物は，着色体が熱的に安定なフォトクロミズムを示す分子の代表的な例である．フルギドは下式の **A** のような構造をもつ酸無水物の総称であり，その名称は，結晶が光によって着色する性質を示したことからラテン語の"光り輝く"という言葉に由来している．たとえば，**A** のトルエン溶液は淡黄色であるが，これに紫外線を照射すると，下式のような閉環反応が進行し，それに伴って溶液は深赤色に変化する．

A ⇌(紫外線 (366 nm) / 可視光 (494 nm)) **B**
フルギド　　　　　　　　　　　　　　　　閉環型
淡黄色　　　　　　　　　　　　　　　　　深赤色

図7・11に，**A** とその光照射によって生成した閉環型 **B** の吸収スペクトルを示した．光化学反応に伴い，吸収スペクトルに大きな変化が生じることがわかる．なお，この光化学反応は基本的には，§7・1 でも述べた共役ポリエンの閉環反応である．生成した閉環型は熱的に安定であり 100 ℃ に加熱しても変化しないが，可視光を照射すると開環反応が進行して，もとのフルギドに戻る．フルギドは，光記録材料に利用できる化合物として有望なことから，さまざまな研究が展開されている．

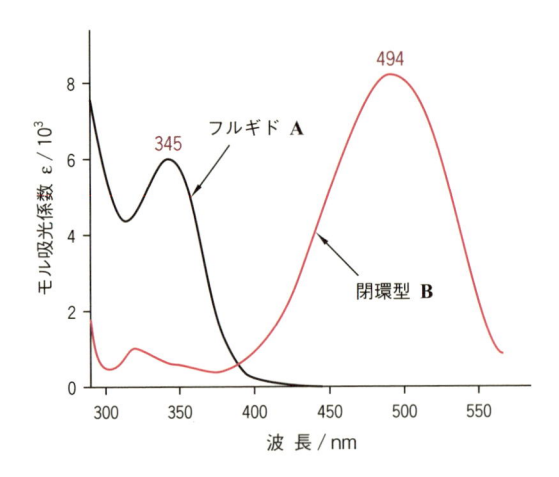

図 7・11 トルエン溶液中で測定したフルギド **A** とその紫外光照射によって生成した閉環型 **B** の吸収スペクトル．スペクトルの上の数字は吸収極大波長を表す．[H. G. Heller, J. R. Langan, *J. Chem. Soc., Perkin Trans. 2*, 341 (1981) による.]

8 光 と 生 物

　地球には太陽の光が降り注いでいる．地球に誕生した生命はほどなく，生命を維持するためのエネルギー源として，太陽光を用いるしくみを獲得した．これが光合成である．一方で生命は，太陽光を有効に利用して少しでも生存に有利になるように，光を感知するしくみを発達させた．私たちはそれを視覚として，外界を認識する手段に用いている．§7·2 で示したように，太陽から放射される電磁波のうち，波長あたりのエネルギーが最も大きいのは 500 nm 付近の光である．この波長領域が，植物によって光合成に利用され，また私たちが感知できる可視光の領域と一致しているのは偶然ではない．太陽光を最も有効に利用できる，すなわちこの波長領域の光によって最も効率よく作動するしくみをもった生物が，生存競争に勝って繁栄しているのである．本章では，第1章で触れた光と生物の関わりの中からいくつかを取上げ，そのしくみについて光化学の観点から解説する．

8·1 光 合 成

　光合成というと，緑色植物が光によって，二酸化炭素と水から糖類を合成する反応を思い浮かべるだろう．しかし，自然界では緑色植物以外にも，藻類や光合成細菌とよばれる多数の生物が光合成を行っている．その中には，糖類を合成しないものや，反応物として水を用いないものもあるが，太陽光エネルギーを，生命を維持するためのエネルギーに変換しているという点では共通している．本節では，緑色植物の光合成について，その化学的意義としくみについて述べる．

■ 光合成の化学的意義

　緑色植物が行う光合成全体を表す反応は，(8·1)式のようなきわめて単純な反応式で表される．なお，合成された糖類は，グルコース $C_6H_{12}O_6$ を構成単位とする重合体であるデンプン $(CH_2O)_n$ のかたちで貯蔵されることが多いため，光合成による生成物をグルコースで代表させてある．

$$6CO_2 + 12H_2O \xrightarrow{光} C_6H_{12}O_6 + 6O_2 + 6H_2O \quad \Delta_r G° = 2880 \text{ kJ mol}^{-1} \quad (8·1)$$

8. 光と生物

(8・1)式は，両辺に H_2O が出てくる点で反応式としては正しくないが，生成物の一つである酸素 O_2 の酸素原子がすべて反応物の水 H_2O に由来することを明示するために，あえてそのように書いたものである．すなわち，(8・1)式は，CO_2 がグルコースに還元され，同時に H_2O が O_2 に酸化されていることを表している．また，$\Delta_r G°$ は**標準反応ギブズエネルギー**とよばれる量であり，$\Delta_r G°>0$ は，この反応がエネルギーを必要とする，すなわち自発的には進行しない反応であることを意味している．したがって，逆反応はエネルギーが放出される反応であり，その際，$\Delta_r G°$ が，熱以外の形態として利用できるエネルギーの最大値となる．私たちは，緑色植物が (8・1)式によって合成した有機化合物を食料として取込み，逆反応によって得られるエネルギーを用いて生命を維持しているのである．

以上のことから，光合成の化学的意義は明らかである．光合成は，"自発的には進行しない酸化還元反応を，光エネルギーによって駆動するエネルギー変換システム" ということができる．

図8・1は，緑色植物の光合成が起こる反応場を模式的に描いたものである．光合成が行われる葉緑体の内部は閉じた膜構造になっており，膜の内側で水の酸化が起こり，外側で二酸化炭素が還元される．光合成全体の過程は，つぎの二つの段階に分けて考えることができる．

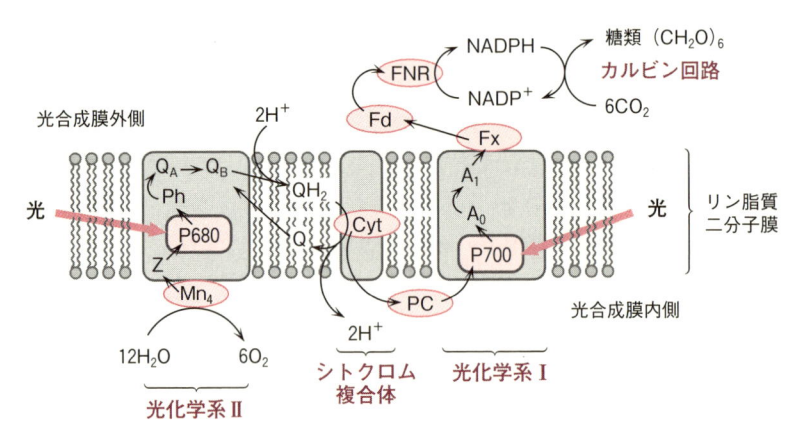

図8・1 緑色植物における光合成膜の模式図．電子は矢印の経路に沿って，膜内側の H_2O から膜外側の $NADP^+$ に移動し，生成した還元剤 NADPH が CO_2 の還元反応に用いられる．P680 と P700 は光を吸収する色素，また Ph, A_0 などは電子伝達に関与する分子を示す．さらに，リン脂質二分子膜内の ▭ はタンパク質を表しており，色素や電子伝達に関与する分子はその中に整然と配置している．

8·1 光合成

❶ 光のエネルギーによって，水から電子が奪われ，その電子によって強力な還元剤**ニコチンアミドアデニンジヌクレオチドリン酸**（**NADPH**と略記する）が生成する．NADPHは下式のような構造をもつ有機化合物であり，その酸化型 $NADP^+$ との間で可逆的な酸化還元反応を行う．ここで，e^- は電子を表している．

また，水から $NADP^+$ に電子が移動する過程において，**アデノシン 5′-三リン酸**（**ATP** と略記する）が生成する．ATP は下式のような構造をもち，すべての生物にとって，体内の反応を進めるためのエネルギー源となる物質である．すなわち，ATP がアデノシン 5′-二リン酸（ADP と略称される）に加水分解される際に放出されるエネルギーが，生体内において，自発的には進行しない反応を進めるために用いられる．段階 ❶ を**光リン酸化反応**という．

$\Delta_r G° = -30.5 \text{ kJ mol}^{-1}$

❷ 光リン酸化反応で生成した NADPH と ATP を用いて，CO_2 から糖類が合成される．この過程を**炭酸固定反応**という．この過程は，それぞれの反応が特異的な酵素によって触媒されるきわめて多数の反応の組合わせからなる．反応の全容は，米国の化学者カルビン（M. Calvin, 1911〜1997）によって解明され，反応が環状に連結していることから，**カルビン回路**とよばれる．

以上のことから，光合成において二酸化炭素は，光によって生成した還元剤 NADPH によって間接的に還元されていることがわかる．では，光化学的に重要な光リン酸化反応についてもう少し詳しくみてみよう．光はどのように使われているのだろうか．

■ 光合成における電子移動と物質変換

光リン酸化反応において NADPH が生成する反応全体を表す反応式は，(8・2)式となる．

$$2NADP^+ + 2H_2O \xrightarrow{\text{光}} 2NADPH + O_2 + 2H^+ \quad (8・2)$$

酸化還元反応であるから，電子の移動が起こる．この反応では，水が放出した電子を $NADP^+$ が受容することにより，水は酸素に酸化され，$NADP^+$ は NADPH に還元される．図8・1は，水から $NADP^+$ に至る電子の移動経路を示したものである．図からわかるように，電子は，十数種類の分子を経由して水から $NADP^+$ に移動する．また，NADPH を合成する系（**光化学系 I** という）と水を酸化する系（**光化学系 II** という）がそれぞれ独立して存在しており，その間を電子運搬体が仲介することによって，全体として水から $NADP^+$ への電子の移動が達成されていることがわかる．光の吸収から，酸化還元反応の完了までを順次見ていくことにしよう．

❶ **光の吸収** すべては，色素分子が光を吸収することから始まる．光合成において光を吸収する色素は，**クロロフィル**とよばれる分子である．§6・1では，最も代表的なクロロフィル *a* の紫外可視吸収スペクトルについて述べた（図6・4参照）．図8・1では光化学系 I の P700，および光化学系 II の P680 が光を吸収する色素に対応し，これらは2分子のクロロフィルが積層した構造をもっている．なお，クロロフィルは 450〜500 nm に強い吸収をもたないが，その波長領域の光を吸収できる β–カロテン（§6・2参照）などの他の色素が，クロロフィルの近傍に存在している．励起状態のエネルギーは β–カロテンよりもクロロフィルの方が

低いので，β-カロテンが吸収した光エネルギーも励起エネルギー移動（§5・3参照）によってクロロフィルに移動し，光合成に利用される．

❷ **電荷分離状態の形成**　§5・3において，励起状態の分子における分子間相互作用の様式の一つとして，光誘起電子移動があることを述べた．光合成において，光によって酸化還元反応が起こるのは，まさにこの過程によるものである．図8・1において，たとえば光化学系ⅡのP680の近傍に位置するフェオフィチンとよばれる分子Phは，励起状態のP680から電子を受容する性質をもつ分子であり，次式のような光誘起電子移動が起こって電荷分離状態が形成される．この過程は，光を吸収したP680*が蛍光を放出して基底状態のP680へ失活するよりも，著しく速く起こる．

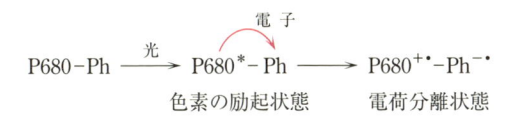

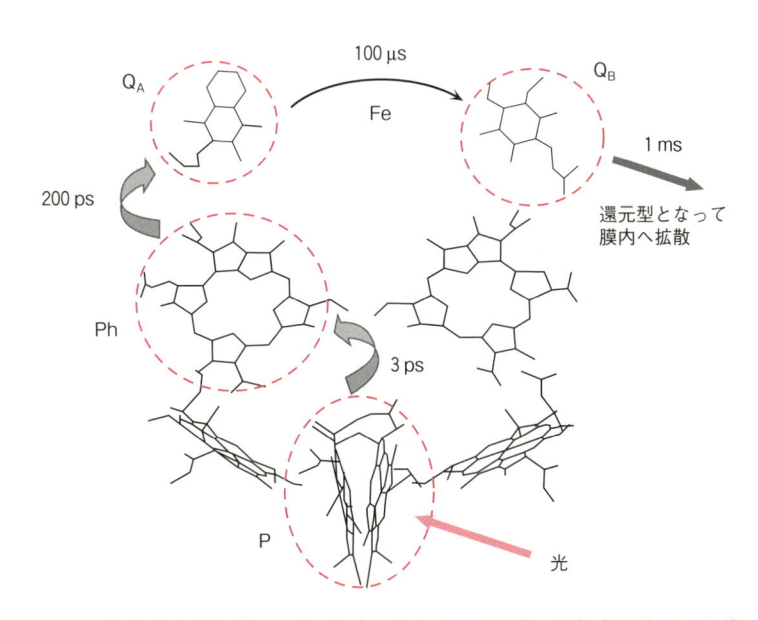

$$\text{P680-Ph} \xrightarrow{\text{光}} \underset{\text{色素の励起状態}}{\text{P680}^*\text{-Ph}} \xrightarrow{\text{電子}} \underset{\text{電荷分離状態}}{\text{P680}^{+\bullet}\text{-Ph}^{-\bullet}}$$

図8・2　紅色光合成細菌における色素，および電子移動に関与する分子の配列．電子は，破線で囲んだ分子の間を矢印の順に移動する．P, Ph, Q_A, Q_B は，図8・1の緑色植物の光化学系Ⅱに記したP680, Ph, Q_A, Q_B に対応するが，分子の構造は必ずしも同じではない．

さらに Ph$^{-•}$ の電子は，P680$^{+•}$ に戻るよりも速く，隣接する Q$_A$，さらに Q$_B$ へと移動する．

$$\text{P680}^{+•}\text{-Ph}^{-•}\text{-Q}_A\text{-Q}_B \xrightarrow{\text{電子}} \text{P680}^{+•}\text{-Ph-Q}_A^{-•}\text{-Q}_B \xrightarrow{\text{電子}} \text{P680}^{+•}\text{-Ph-Q}_A\text{-Q}_B^{-•}$$

この過程は，光化学系 II と類似した反応系をもつ紅色光合成細菌を用いて詳細に研究されている．図 8・2 に，紅色光合成細菌によって明らかにされた，色素と電子移動に関与する分子の立体的な位置関係，および測定された電子移動反応が起こる時間（速度定数の逆数）を示した．これらの分子は，タンパク質に取込まれて，整然と配置している．

また，図 8・3 には，紅色光合成細菌における色素 P の励起から電子移動に伴って生成するそれぞれの状態のエネルギーを示した．電子移動は，励起状態の色素 P* から Q$_B$ まで発熱的になっている．すなわち，電子は P* から Ph, Q$_A$, Q$_B$ と川の流れを下るように，安定な状態へと移動していることがわかる．これによって，高速の電子移動過程が実現し，ほぼ 100 ％の量子収率で電荷分離状態 P$^{+•}$-Ph-Q$_A$-Q$_B^{-•}$ が生成する．

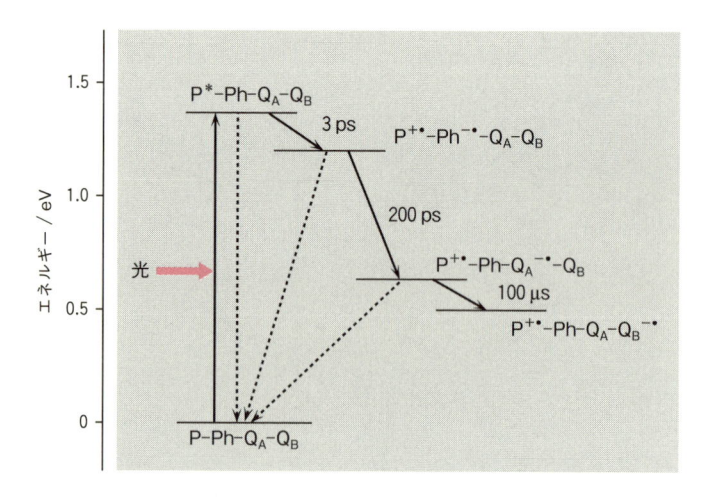

図 8・3 紅色光合成細菌の光合成において形成される励起状態，および電荷分離状態のエネルギー準位．基底状態を基準として eV 単位（1 eV ≈ 96.485 kJ mol^{-1}）で記してある．破線の矢印は，励起状態の失活，および電荷再結合によりエネルギーが失われる過程を示す．

❸ **プロトン濃度勾配と ATP の生成**　図 8・1 の光化学系 II の Q_B はタンパク質に結合したプラストキノンとよばれる分子であり，2 電子を受容して還元型のヒドロキノン QH_2 となる．このとき，光合成膜外側から 2 個のプロトン H^+ を取込む．

プラストキノン（Q）
酸化型

QH_2
還元型

$R = {+CH_2-CH=C(CH_3)-CH_2+}_{6\sim10} H$

Q_B は QH_2 に還元されると光化学系 II のタンパク質からはずれ，脂質二分子膜内へ拡散する．二分子膜内を移動した QH_2 は，光合成膜内側付近でシトクロム複合体とよばれるタンパク質によって酸化され，酸化型 Q となって光化学系 II に戻る．このとき，2 個の H^+ を光合成膜内側へ放出する．なお，シトクロムは§6・2 で触れたヘモグロビンに類似した構造の鉄錯体を含むタンパク質であり，鉄(II)と鉄(III)の間で可逆的な酸化還元反応を行う．

上記の反応をみると，Q と QH_2 の酸化還元過程によって，光合成膜の外側から内側へ 2 個の電子が移動すると同時に，2 個の H^+ が光合成膜の外側から内側へ輸送されることがわかる．こうして，光合成の過程において，電子移動に伴って，脂質二分子膜を隔てた H^+ の濃度勾配が形成される．私たち人間を含むすべての生物は **ATP 合成酵素** をもっているが，これは，膜を隔てた H^+ の濃度勾配をエネルギーとして，ADP とリン酸 $HOPO_3^{2-}$ から ATP を合成する酵素である．

$$ADP + HOPO_3^{2-} + H^+ \xrightarrow[\text{ATP 合成酵素}]{\text{プロトン濃度勾配}} ATP + H_2O$$

$$\Delta_r G° = 30.5 \text{ kJ mol}^{-1}$$

光合成膜にも ATP 合成酵素が存在し，電子移動に伴って形成されたプロトン濃度勾配を用いて，ATP が合成される．

❹ **酸化末端における水の酸化**　光化学系 II における光誘起電子移動によって生じた $P680^{+\bullet}$ は，強い電子受容性をもつため，強力な酸化剤となる．図 8・1 に示すように，$P680^{+\bullet}$ に対して隣接する電子供与体 Z から電子が供給され，P680 が再生する．生じた $Z^{+\bullet}$ により，4 個のマンガン Mn 原子を含む酵素を触媒として，水が酸素に酸化される．こうして，光誘起電子移動によって生じた電荷分離状態の一方である正電荷は，水の酸化という物質変換をひき起こして消失する．

水と酸素との間の酸化還元過程は (8・3)式で表されることから，水2分子を酸素1分子へ酸化するには，水2分子から4電子を除去しなければならないことがわかる．

$$O_2 + 4H^+ + 4e^- \rightleftharpoons 2H_2O \qquad (8・3)$$

水の酸化反応の触媒となる酵素の活性中心の構造は，近年ようやく解明された．しかし，まだ，水が酸素に酸化される詳細な機構は不明であり，現在も活発な研究が行われている．

❺ **還元末端における NADPH の生成**　QH_2 からシトクロム複合体に移動した電子は，プラストシアニン (PC) とよばれる光合成膜内側にある電子伝達体を経由して，光化学系 I において生じた $P700^{+\cdot}$ に供給される．PC は銅を含むタンパク質であり，銅(II) と銅(I) の間で可逆的な酸化還元反応を行う．

一方，図 8・1 に示すように，光化学系 I において生じた電子は光合成膜外側に移動し，最終的にフェレドキシン-$NADP^+$ 還元酵素 (FNR) を触媒として，$NADP^+$ から NADPH の生成に用いられる．この酸化還元過程は (8・4)式に示されるように，2電子過程である．

$$NADP^+ + 2H^+ + 2e^- \rightleftharpoons NADPH \qquad (8・4)$$

こうして，光誘起電子移動によって生じた電荷分離状態のもう一方である電子は，NADPH の生成という物質変換をひき起こして消失する．

■ 光合成の全体像

光合成は，太陽光エネルギーを，生命を維持するためのエネルギー源として利用するために，生物が獲得したしくみである．すでに述べたように，緑色植物の光合

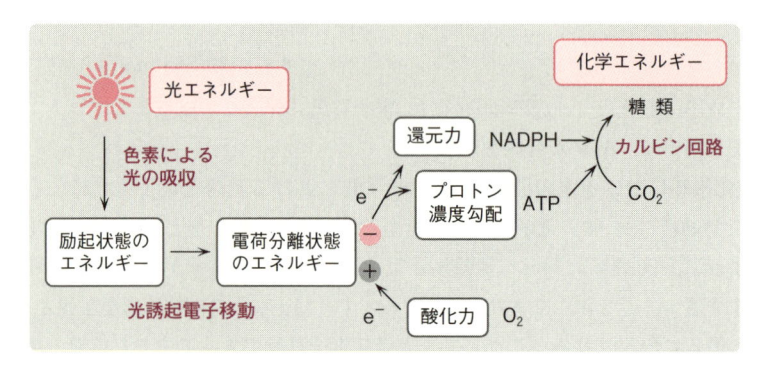

図 8・4　緑色植物における光合成の全体像

8・1 光合成

成は,自発的には進行しない酸化還元反応を,光エネルギーによって駆動するエネルギー変換システムといえる.図8・4は緑色植物の光合成の全体像を,エネルギー変換という観点からまとめたものである.光エネルギーは色素分子に吸収され,光誘起電子移動を経て酸化力・還元力となり,物質変換をひき起こして化学エネルギーに変換されていることがわかる.

■ 人工光合成とは何か

生物が営む光合成のしくみが分子の視点から解明されるに伴って,化学者は,この反応の人工的な実現を目指す研究に着手した.緑色植物が行う光合成全体の反応式は,(8・1)式に示すようにきわめて単純であるが,本節でこれまで述べてきたように,緑色植物は途方もなく複雑な過程を経てこの反応を実現している.化学者が目指すのは,このような光合成の過程をそのまま再現することではなく,光合成の本質である"自発的には進行しない酸化還元反応を,太陽光エネルギーによって駆動させるシステム"をつくりだすことである.人工的に構築されたそのような反応系を,**人工光合成**とよぶ.

人工光合成をこのように定義すると,生成物は糖類に限定されず,また反応物は二酸化炭素 CO_2 でなくてもよい.光と水から CO_2 を一酸化炭素 CO やメタノール CH_3OH に還元する反応系,あるいは水を水素 H_2 に還元する反応系もすべて人工光合成である.糖類と違って,これらの還元生成物は私たちの食料にはならないが,燃料や化学製品の原材料として利用することができる.人工光合成は,§1・1で示したように無尽蔵といえる太陽光エネルギーを,私たちが利用できる化学エネルギーに変換するための技術であると位置づけることができる.

自発的には進行しない酸化還元反応を,光エネルギーによって駆動させるには,何が必要だろうか.これまで述べてきた緑色植物の光合成のしくみに基づくと,つぎの二つの反応系が必須であることがわかる.

❶ **光エネルギーを電荷分離状態のエネルギーに変換する光電変換反応系** これは,太陽光を吸収する色素 P と色素から電子を受け取る電子受容性分子 A,および電子を失った色素に電子を供給する電子供与性分子 D から構成され,次式の過程を達成する.

$$\text{D-P-A} \xrightarrow{\text{光}} \text{D-P}^*\text{-A} \longrightarrow \text{D}^{+\bullet}\text{-P-A}^{-\bullet}$$

光エネルギーの損失となる電荷再結合過程をいかに抑制するかが，この反応系を構築する際に重要となる．もちろん生成した$D^{+\cdot}$, $A^{-\cdot}$が，それぞれ目的とする酸化還元反応を起こすために十分な酸化力，還元力をもっていなければならない．

❷ **生成した$D^{+\cdot}$, $A^{-\cdot}$を用いて酸化還元反応を行う酸化触媒系，および還元触媒系**
色素Pが光子を1個吸収すると，1個の電子が移動する．しかし，酸化還元反応によって安定な物質へ変換するためには，少なくとも2個の電子を反応物から除去するか，あるいは反応物に供与しなければならない．この過程には，反応を円滑に進めるための触媒が必要となる．緑色植物がもつ優れた酵素に匹敵するような触媒を，人工的につくりだせるかどうかが鍵となる．

図8・5には，反応系❶と❷を組合わせた人工光合成の概念図を示した．このような反応系はまだ実現していないが，研究は急速に進展している．なお，光触媒を用いる物質変換については，第9章で述べる．

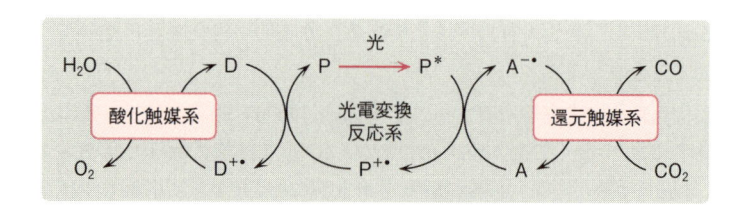

図 8・5　緑色植物を模倣したH_2OによりCO_2をCOに還元する人工光合成の概念図．酸化触媒系はH_2OのO_2への4電子酸化過程を触媒する物質，また還元触媒系はCO_2のCOへの2電子還元過程を触媒する物質による反応系を表す．還元触媒系にH_2OのH_2への2電子還元過程を触媒する物質を用いれば，光水素発生システムが構築できる．

8・2 生物の光応答

私たちは，真っ暗な部屋の中では周囲に何があるかを知ることはできないが，電灯をつけて物体から反射する光を目で捉えることにより，周囲の物体の存在を知ることができる．このように私たちは，光を情報として外界を認識し，生活に利用していることがわかる．私たち人類だけでなく，多くの動物や植物が，環境に適応して少しでも生存に有利になるように，光を情報として用いている．本節では，生物が光を感知し，それに応答するしくみについて，光化学的な観点から概説する．

動物の光応答: 視覚と走光性

　動物が外界からの刺激に反応して移動することを，一般に**走性**といい，光を刺激とするものを**走光性**という．誘蛾灯や集魚灯は，生物が光に向かって移動する正の走光性を利用したものである．また，ミミズなどは光から遠ざかる負の走光性をもつ．これらの動物はいずれも，光を感知するしくみをもち，その生存に有利になるように光に対して行動している．そのしくみが高度に発達したものが，私たちのもつ視覚である．

　視覚については，§6・1において，私たちが色を認識するしくみと関連させて概略を述べた．本節では，光を感知する光化学反応とその伝達経路について解説する．目の網膜の視細胞にあって，光の感知に関わる物質を**ロドプシン**という．ロドプシンは，オプシンとよばれるタンパク質と，図6・2に構造式を示したレチナールから構成されている．レチナールは，アルデヒド基 −CHO の部分で，オプシンを形成するアミノ酸の一部と反応することによってオプシンと結合し，タンパク質内部に取込まれている．図8・6に示すように，オプシンに取込まれたレチナールは二重結合のうちの一つがシス型になっているが，光を吸収すると異性化反応(§7・3参照)を起こし，すべての二重結合がトランス型の構造に変化する．図8・6の分子模型からもわかるように，この異性化反応に伴って分子の立体構造は大きく変化し，これがロドプシン全体の構造変化をひき起こす．

　<u>私たちが光を感知するために必要な光化学反応は，このレチナールの異性化反応だけである</u>．この反応に誘発されたロドプシンの構造変化が引き金となって，視細

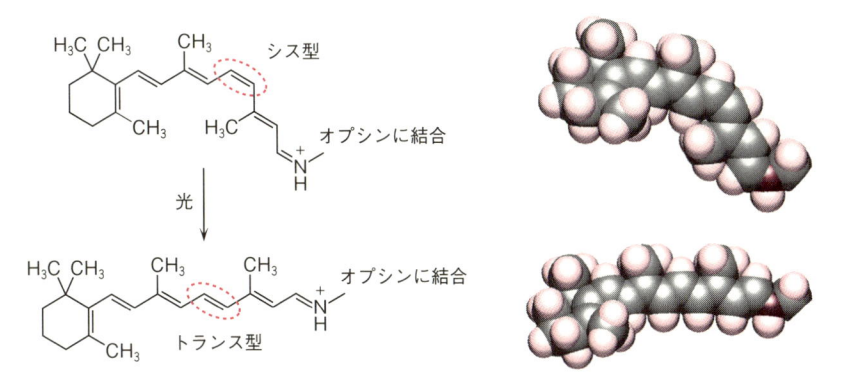

図8・6　ロドプシン中のレチナールの光による異性化反応とそれぞれの異性体の安定構造の分子模型．

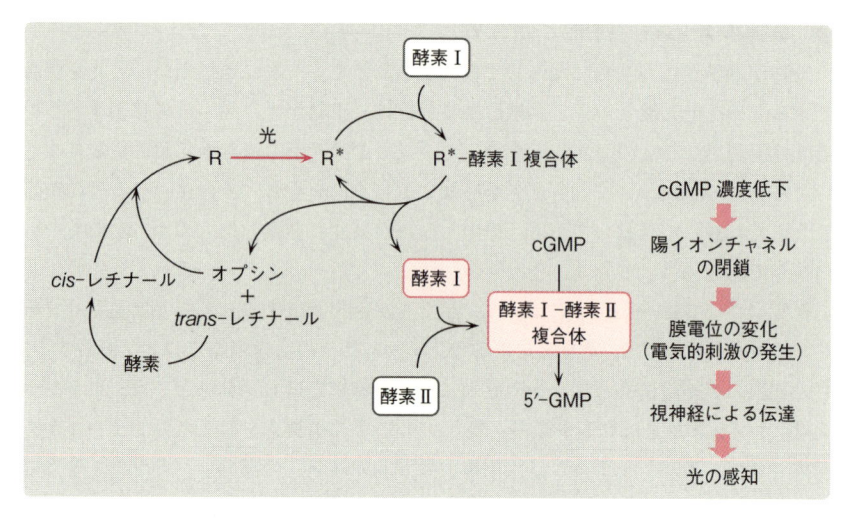

図 8・7 ロドプシン R による光子の吸収から光の感知に至る経路. R はシス型の二重結合をもつレチナール（*cis*-レチナール）とオプシンの複合体を，また R* は光を吸収して構造変化したロドプシンを示す．酵素 I はトランスデューシン，酵素 II はホスホジエステラーゼとよばれる酵素であり，☐ 内の酵素が触媒活性をもつ．トランス型に異性化したレチナールはロドプシンから離脱するが，酵素によって *cis*-レチナールに異性化することにより再利用される．

胞に電気刺激が発生し，視神経を経由して脳に伝達され，光が感知される．図 8・7 には，ロドプシンによる光子の吸収から，脳が光を感知するまでの経路を模式的に示した．概略をまとめると以下のようになる．

❶ ロドプシンの構造変化は，光を吸収したシス型のレチナールがトランス型に異性化するまでの 1 ms 程度の間に起こり，後続の酵素反応経路の引き金となる．
❷ ロドプシンの構造変化により，環状グアノシン 5′-一リン酸（cGMP と略称される）を加水分解する酵素が活性化される．

cGMP + H_2O ⟶ 5′-GMP + H^+

❸ 視細胞の細胞膜には，cGMPによって作動する陽イオンを透過させるタンパク質（イオンチャネルという）があり，そのはたらきによって膜内外の電位差が一定に維持されている．cGMPが加水分解されてその濃度が低下すると，イオンチャネルが閉鎖されて電気的な均衡が崩れるため，神経に電気刺激が生じる．

このようにレチナールは，視細胞に電気刺激を生じさせるためのスイッチとしてはたらいていることがわかる．しかし，前章で述べたようなフォトクロミズムを用いた人工的な光機能性材料と決定的に異なるのは，レチナールの異性化反応に伴って，酵素という化学反応の触媒が活性化されることである．これによって，1光子によるレチナールの異性化反応が，何千，何万という分子数の物質変化に増幅される．私たちが暗やみの中で微弱な光を感知できるのは，レチナールの異性化反応の量子収率がきわめて高いことに加えて，刺激の伝達過程にこのような増幅機構を備えているためである．

私たち人類以外の脊椎動物や軟体動物，あるいは昆虫類も視覚をもっており，これらの動物が光を感知する物質もロドプシンとよばれる．タンパク質の構造は種によって異なるものの，光を感知するための光化学反応には，すべてレチナール類縁体の異性化反応が用いられている．レチナールは，太陽光を情報として最も効率よく利用するために，進化の過程で動物が獲得した物質である．この物質は，それを取り囲むタンパク質の構造に依存して吸収する光の波長領域が変化し，一つの物質で，可視光領域を含む広範囲の光を吸収することができる．§6・1で述べたように，私たちが，この範囲の光の吸収を制御して任意の色を表示するために，少なくとも3種類の物質を用いていることを考えると，生体の巧妙さに改めて驚かざるを得ない．

■ 植物の光応答

ヒマワリは和名では向日葵と書く．その名の通り，生長期にあるヒマワリは，太陽の動きに従ってその向きを変える．これによって，葉が太陽光の方向を向き，有利に光合成を行うことができる．また，発芽したカイワレダイコンに一方から光を当ててしばらくおくと，芽は光の方向に曲がる．このような植物が光の方向に向く性質を，**屈光性**という．さらに，レタスやイチゴが発芽するためには，水や温度などの条件のほかに650〜700 nmの赤色光が必要なことが知られている（**光発芽**という）．このように植物も，光を光合成のエネルギー源としてだけではなく，情報とし

て感知するしくみをもち，自らの生長に有利になるように光を利用している．

動物のロドプシンに相当する物質として，植物では，赤色光を受容する**フィトクロム**，青色光を受容するクリプトクロムとフォトトロピンが知られており，いずれも光に対して可逆的に応答する分子とタンパク質から構成されている．たとえば，光発芽にかかわるフィトクロムの光応答性分子は**フィトクロモビリン**とよばれ，次式のような構造をもっている．

レチナールとは構造が異なってはいるが，植物が光を感知するための光化学反応にも，異性化反応が用いられていることがわかる．フィトクロモビリンが光によってZ型からE型に異性化することによって，フィトクロムが活性化し，発芽を促進する植物ホルモンであるジベレリンの生合成が誘発されると考えられている．

また，フィトクロムやクリプトクロムは，成長を促進する植物ホルモンであるオーキシンの合成と輸送を制御していることが知られている．光によってフィトクロムやクリプトクロムが活性化すると，オーキシンの輸送が誘発され，光があたる側のオーキシン濃度が低下し，あたらない側の濃度が増大する．この結果，光があたる側よりもあたらない側の生長が速くなり，これによって光屈性が起こるものとされ

代表的なジベレリンである
ジベレリンA_3の構造式

代表的なオーキシンである
インドール-3-酢酸の構造式

ている. 植物の光応答のしくみについては，現在もまだ不明な点が多く，活発な研究が続けられている.

8・3 生物発光と化学発光

暗やみを飛ぶホタルが放つ一筋の光は，とても美しく印象的である. 日本人は古来よりホタルを愛し，時には死者の魂として，また時には恋に身を焦がす姿として捉え，観賞してきた. ホタルはいったいどのようなしくみで光るのだろうか. これまで述べてきたように，光を吸収して励起状態になった分子は，失活過程の一つとして発光する場合がある. また，高温に加熱された物体も，その温度に依存した波長の光を放出する（図2・13参照）. しかし，暗やみでも光るホタルの発光は，そのいずれでもないことは明白である. 本節では，ホタルの発光のしくみに関連させて，光を用いない励起状態の生成と発光について述べる.

■ ホタルの発光に関わる物質

生物が光を放出する現象を**生物発光**という. ホタル以外にも，ホタルイカやウミホタル，あるいはオワンクラゲなど海に住む無脊椎動物，またはヤコウチュウといった微生物など，いくつかの動物が生物発光を示す. その目的も，求愛や捕食のための誘引，威嚇，情報伝達など，それぞれの生物によって異なるとされている. 一般に，生物発光を示す生物は，生体内に**ルシフェリン**と総称される発光体の前駆物質をもっている. 発光する必要が生じると生物の体内で，**ルシフェラーゼ**とよばれる酵素を触媒とするルシフェリンの酸素による酸化反応が起こり，この化学反応を経て発光体の励起状態がつくり出される.

ルシフェリンの構造は生物によって異なっている. ホタルのもつルシフェリン（ホタルルシフェリンという）と発光体は，次式のような構造をもつことが知られている.

発光体の励起状態の生成には酸素のほかに，生体内の化学反応にエネルギーを供給する ATP（§8・1 参照）が必要であり，反応に伴って CO_2 が放出される．いったいどのような過程を経て，発光体の励起状態が生成するのだろうか．

■ 化学発光とその反応機構

生物発光とは別に，化学反応によって発光が観測される場合があることは，19 世紀後半から報告されていた．このような現象を**化学発光**という．化学発光については 1970 年代に精力的に研究が行われ，その反応機構が推定されている．

たとえば，蛍光性物質であるルブレンの存在下で，シュウ酸 $(CO_2H)_2$ のジエステルを過酸化水素 H_2O_2 と反応させると，ルブレンの蛍光に相当する橙色の発光が観測される．このことは，この化学反応によってルブレンの励起状態が生成したことを意味している．

この反応において推定されている，ルブレンの励起状態の生成過程を図 8・8 に示した．概略をまとめると以下のようになる．

① 反応物の酸化による過酸化物中間体（1,2-ジオキセタンジオン）の生成
② 電子供与性の高いルブレンから，電子受容性の高い過酸化物中間体への電子移動
③ 生成した過酸化物ラジカルアニオンの分解と，ルブレンラジカルカチオンとの電荷再結合によるルブレンの励起状態の生成

この過程で最も重要な点は，過酸化物ラジカルアニオンが分解することによって安定な CO_2 と，きわめて高いエネルギーをもつ二酸化炭素ラジカルアニオン

図 8・8 シュウ酸ジエステルの酸化反応におけるルブレンの励起状態の生成機構. ルブレンから過酸化物中間体への電子移動が起こり, 生成した過酸化物ラジカルアニオンの分解とルブレンラジカルカチオンとの電荷再結合を経て, ルブレンの励起状態が生成する.

$CO_2^{-•}$ が生成することである. $CO_2^{-•}$ の電子がルブレンラジカルカチオンに戻るときに, 電子はルブレンの最低空軌道 (LUMO) に入る (図 8・9). こうして, 光によってルブレンを励起することなく, ルブレンの励起状態が生成するのである. このような電子移動を経由して励起状態が生成し発光が起こる機構を, "化学的に誘発された電子交換による発光 (chemically initiated electron exchange luminescence)" の頭文字をとって **CIEEL 機構** という.

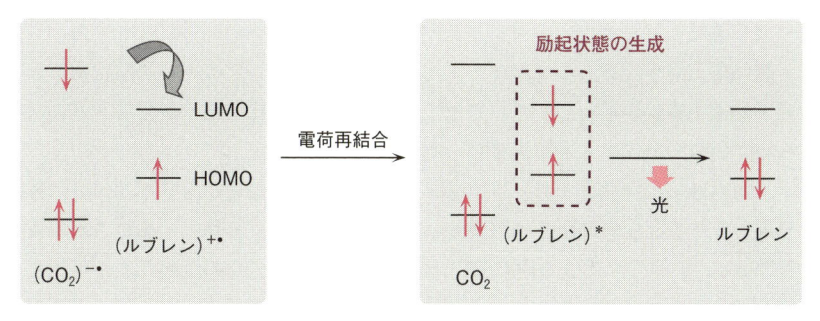

図 8・9 CIEEL 機構によるルブレン励起状態の生成における分子軌道のエネルギー準位. CO_2 とルブレンの HOMO, および LUMO のエネルギー準位の関係を定性的に表している.

140   8. 光 と 生 物

　ここで，化学発光におけるエネルギー関係について考えてみよう．基底状態のルブレンを励起状態に押し上げたエネルギーは，どこからきたのだろうか．上記の化学発光の過程で起こっている化学反応は，結局，シュウ酸ジエステルの過酸化水素による酸化反応である．シュウ酸ジエステルの代わりにシュウ酸（$CO_2H)_2$）を用いて，この反応に伴う標準反応ギブズエネルギー $\Delta_r G°$ を計算すると，(8・5)式のようになる．なお，括弧内に付した s, l, g はそれぞれの物質が，固体，液体，気体状態にあることを表している．

$$(CO_2H)_2(s) + H_2O_2(l) \longrightarrow 2H_2O(l) + 2CO_2(g) \qquad \Delta_r G° = -452.1 \text{ kJ mol}^{-1}$$
(8・5)

(8・5)式から，この酸化還元反応によって大きなエネルギーが放出され，その大きさは，ルブレンの励起一重項状態のエネルギー（221 kJ mol^{-1}）をはるかに上まわることがわかる．したがって，この化学発光では，シュウ酸と過酸化水素がもつ化学エネルギー，言い換えれば，シュウ酸の還元力と過酸化水素の酸化力が，ルブレンの励起状態のエネルギーに形態を変え，最終的に光エネルギーとして放出されていることになる．このように，<u>化学発光とは，物質がもつ化学エネルギーを，光エネルギーに変換する過程ということができる</u>．

■ 分子内 CIEEL 機構: ホタルの発光のしくみ

　化学発光の研究の進展とともに明らかにされた反応機構は，生物発光のしくみを理解するために応用された．現在，推定されている，ホタルの発光において励起状態が生成するしくみを図 8・10 に示した．ホタルルシフェリンは，ホタルルシフェラーゼを触媒として ATP，および酸素と反応し，過酸化物中間体に変化する．ついで，高い電子供与性をもつフェノール部分から，電子受容性の高い過酸化物部分への分子内電子移動が進行し，さらに電子を受容した過酸化物部分が分解することによって，CO_2 の放出とともに発光体の励起状態が生成する．

　ホタル以外の生物発光でも，ルシフェリンの構造は異なるが，基本的には"酵素を触媒とする酸化反応による過酸化物の生成と，分子内電子移動に誘発される過酸化物の分解"を経由する分子内 CIEEL 機構によって，発光体の励起状態が生成するものと考えられている．<u>生物発光も化学発光と同様に，物質がもつ化学エネルギーを，分子の励起状態のエネルギーを経て光エネルギーへ変換する過程とみることができる</u>．ホタルの場合には，次式の反応によって放出されるエネルギーの一部が光

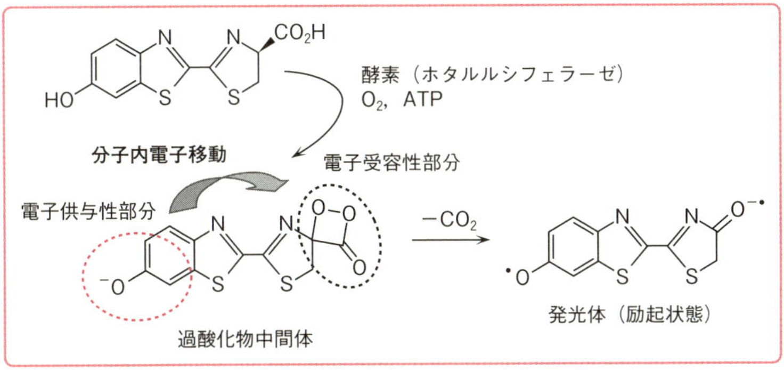

8・3 生物発光と化学発光   141

図 8・10 ホタルの発光における分子内 CIEEL 機構による励起状態の生成. 電子を受容した過酸化物部分が分解して CO_2 が放出されると, フェノール部分がラジカル, カルボニル基 >C=O 部分がラジカルアニオンとなった電子状態の発光体が生じる. これは, 発光体の励起状態と同一の電子状態をもつ化学種であり, 一連の反応によって発光体の励起状態が生成したことになる.

エネルギーに変換されている. なお, AMP はアデノシン 5′—一リン酸の略号であり, ADP からリン酸基がさらに一つ加水分解された構造をもつ.

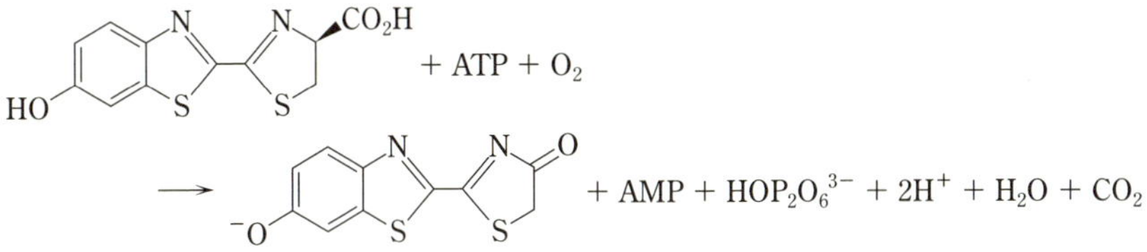

$$\text{(ホタルルシフェリン)} + \text{ATP} + O_2$$
$$\longrightarrow \text{(発光体)} + \text{AMP} + \text{HOP}_2\text{O}_6^{3-} + 2\text{H}^+ + \text{H}_2\text{O} + \text{CO}_2$$

■ 生物発光・化学発光の利用

　高感度の測定器を用いれば, きわめて微弱な光でも検出できることから, 発光現象はしばしば分析手段として利用される. たとえば, ホタルの発光は, ホタルルシフェリン, 酸素, ATP に加えて, ホタルルシフェラーゼとその酵素がはたらく条件が整えば, ホタルの体内でなくとも発光現象が見られる. 実際に, この反応系は ATP を検出する高感度の分析法として実用化されている. 特に, ATP はすべての生物の細胞にあることから, 微生物の存在や食品残渣などのよごれを検出する方法として, 食品業界や医療機関で利用されている. なお, ホタルルシフェラーゼはホタルに固有のタンパク質であるが, 遺伝子が解明されたため, 遺伝子組換え技術を用いて大腸菌によって大量に生産されている.

また，化学発光を示す物質として古くから知られている**ルミノール**は，警察の科学捜査における血痕の検出に用いられている．ルミノールを過酸化水素で酸化すると，460 nm 付近に極大をもつ紫青色の発光が観測される．この反応には，ヘキサシアノ鉄(Ⅲ)酸イオン［$Fe(CN)_6$］$^{3-}$ などが触媒に用いられるが，血液に含まれるヘモグロビン（§6・2参照）も同様の触媒作用を示すため，ルミノールの発光により血液の検出ができる．化学発光の反応機構は，次式のような過酸化物中間体を経由するものと推定されている．

さらに，化学発光は"ケミカルライト"として照明にも用いられる．電池などの他のエネルギー源が不用であることから，緊急時や災害時の照明として，また玩具や劇場における演出にも利用される．市販されているケミカルライトには，前述したルブレンなどの蛍光性物質の存在下におけるシュウ酸ジエステルと過酸化水素との反応が用いられている．ルブレンは橙色の発光を示すが，蛍光性物質を変えることによってさまざまな色の発光を得ることができる．

9 光を利用する技術

　第1章でも述べたように，私たちの身のまわりには光を利用した技術がたくさんある．テレビやコンピューターの画像信号を表示するために液晶ディスプレイが用いられ，データのやりとりは光ファイバーを用いた光通信によって行われる．また，データを記録する媒体も CD（compact disc）や DVD（digital versatile disc）といった光ディスクが主流となった．このような情報の伝達，記録だけでなく，印刷製版や第1章で触れた集積回路など，さまざまな材料の製造過程には光が用いられている．光重合開始剤を用いたプラスチックの合成については，§7・2で述べた．さらに，光は汚水処理などの環境浄化に用いられ，また光線療法として医学的な利用も進んでいる．本章では，おもに光エネルギー変換に関連した技術を取上げ，その原理と応用について解説する．

9・1　太陽電池

　太陽電池は，光エネルギーを直接，電気エネルギーに変換する装置である．1950年代から開発が進み，人工衛星の電源のほか，私たちの身のまわりでも電卓や腕時計，あるいは街路灯などに実用化されている．近年では，再生可能エネルギー利用の観点から注目を集め，個人住宅用の電源として，さらに大規模な電力生産（太陽光発電という）へと急速に普及している．太陽電池には，現在一般に使用されているシリコン太陽電池のほかにも，いくつかの種類がある．本節では，代表的な太陽電池のしくみについて説明する．

■ 太陽電池の種類

　現在，多くの種類の太陽電池が知られており，それらは使用する材料や電池の形態などによってさまざまに分類される．表9・1には，光を吸収する物質によって分類したおもな太陽電池の種類を示した．最も古くから使用されている太陽電池は，光を吸収する物質としてケイ素 Si を用いる単結晶シリコン太陽電池である．製造コストの削減や大量生産への対応のため，現在ではさまざまな形態のシリコン太陽電

```
                    ┌─ シリコン太陽電池 ┬─ 単結晶シリコン太陽電池
                    │                   ├─ 多結晶シリコン太陽電池
                    │                   └─ 薄膜シリコン太陽電池
                    │                      (アモルファスシリコン太陽電池)
太陽電池 ───────────┼─ 無機化合物系太陽電池 ┬─ CIGS系太陽電池(CIS系太陽電池)
                    │                        └─ CdTe太陽電池
                    ├─ 色素増感太陽電池
                    └─ 有機薄膜太陽電池
```

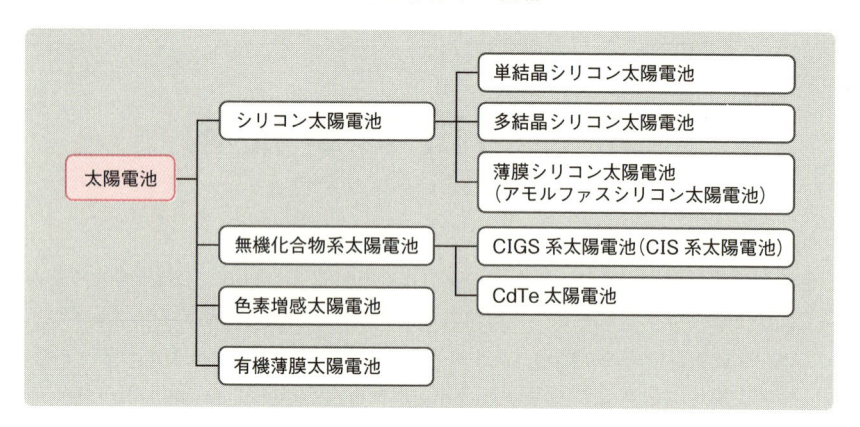

図 9・1　おもな太陽電池の種類

池が開発されている．ケイ素のかわりに無機化合物を用いるものが，無機化合物系太陽電池である．銅 Cu，インジウム In，ガリウム Ga，セレン Se の化合物を用いるものが CIGS 系太陽電池であり，CdTe 太陽電池ではカドミウム Cd とテルル Te の化合物を用いる．無機化合物系太陽電池にはほかにもさまざまな種類があるが，いずれも発電の原理はシリコン太陽電池と同じである．

色素増感太陽電池と有機薄膜太陽電池は，光を吸収する物質が有機化合物であることから，有機系太陽電池とまとめられることもあるが，後述するように電気が生じるしくみは異なっている．

■ 半導体とその電子構造

ケイ素 Si や太陽電池に用いられる無機化合物は，いずれも**半導体**に分類される固体物質である．固体物質は，その電気の通しやすさ(**電気伝導性**という)によって，金属と絶縁体に分類されるが，その中間の電気伝導性をもつものが半導体である．電気伝導性は，物質に特有の物性値である**電気伝導率**（単位：$\Omega^{-1}\,\mathrm{cm}^{-1}$，$\Omega$ は電気抵抗の単位でオームと読む）によって評価される．図 9・2 に，電気伝導率の定義とともに代表的な固体物質の電気伝導率を示した．

太陽電池のみならず，後述する発光ダイオードや光触媒にも半導体が用いられている．さらに，コンピューターで使われているメモリーなどの電子素子にも，半導体が利用されている．このように半導体がさまざまな材料として用いられるのは，その特異な電子構造にある．

9・1 太陽電池

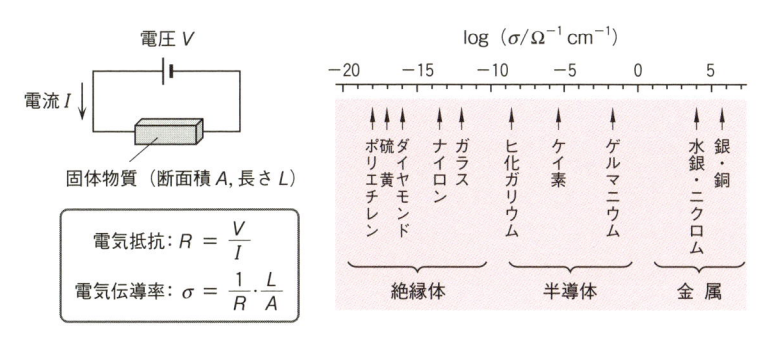

図 9・2 電気伝導率の定義とおもな物質の室温における電気伝導率

§2・2で物質の構成と分類を説明した際に，身のまわりの物質には"分子からなる物質"と，"分子という構成単位をもたない物質"があることを述べた．これまでの章ではおもに，分子からなる物質と光との相互作用を取上げ，それは分子がもつ分子軌道に基づいて理解できることを述べてきた．しかし，本章で扱う半導体や金属は，分子という構成単位をもたない物質である．これらの物質には，分子軌道の概念を適用することはできず，光との相互作用を理解するためには別の考え方が必要となる．

図9・3(a)に，ケイ素の単結晶の構造を示した．結晶中では，ケイ素原子が隣接する4個のケイ素原子と共有結合を形成して規則正しく配列している．ケイ素の電子配置は，

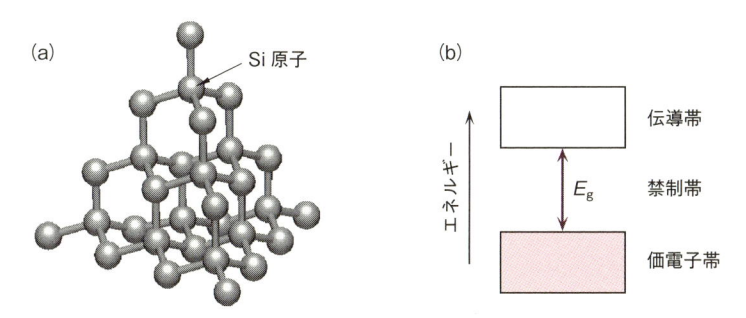

$$\text{Si}: \quad 1s^2 2s^2 2p^6 3s^2 3p^2$$

図 9・3 (a) ケイ素単結晶におけるケイ素 Si 原子の配列．それぞれの原子は正四面体の中心に位置し，正四面体の頂点に位置する4個の原子と共有結合をしている．Si-Si 結合距離は 2.352 Å．(b) バンド構造．E_g はエネルギーギャップ．ケイ素では，E_g が比較的小さく温度が上がると伝導帯にも電子が分布するため，半導体としての性質を示す．

であり，3s 軌道と 3p 軌道にある 4 個の電子が価電子となって，4 個の共有結合が形成される．Si−Si 結合の形成は，§3・2で述べた分子の場合と同じである（図3・13参照）．すなわち，それぞれの Si の原子軌道間の相互作用により結合性軌道と反結合性軌道が形成され，結合性軌道に 2 個の電子が収容される．しかし，分子と異なるのは，Si 原子がきわめて多数存在することであり，このため，きわめて多数の結合性軌道と反結合性軌道が存在することになる．これらの軌道のエネルギーはそれぞれ，ある幅の中にほぼ連続的に分布し，**エネルギーバンド**を形成する（図9・3(b)）．図9・3(b) の □ は結合性軌道から形成されるエネルギーバンドであり，**価電子帯**とよばれる．価電子帯には価電子が充満している．一方，□ は反結合性軌道から形成されるエネルギーバンドで，このバンドを**伝導帯**という．また，価電子帯と伝導帯の間は**禁制帯**とよばれ，電子がとることのできないエネルギー領域である．禁制帯のエネルギー幅 E_g を**エネルギーギャップ**，または**バンドギャップ**という．"分子という構成単位をもたない物質"では，分子軌道のかわりにこのようなモデルによって，その物質の電子構造を理解する．この考え方を**バンド理論**という．

さて，前述した 3 種類の固体物質，金属，半導体，および絶縁体では，バンド構造が著しく異なっており，それによって物質の電気伝導性が説明される．図9・4にそれぞれの物質のバンド構造を示した．物質の中を電子が移動するためには，電子が占有されていない空の軌道に電子が移る必要がある．価電子で充満した価電子帯は電気伝導性に寄与しない．図に示されているように，金属は伝導帯の一部が電子によって占有されたバンド構造をもち，占有された軌道に連続して空の軌道が存在

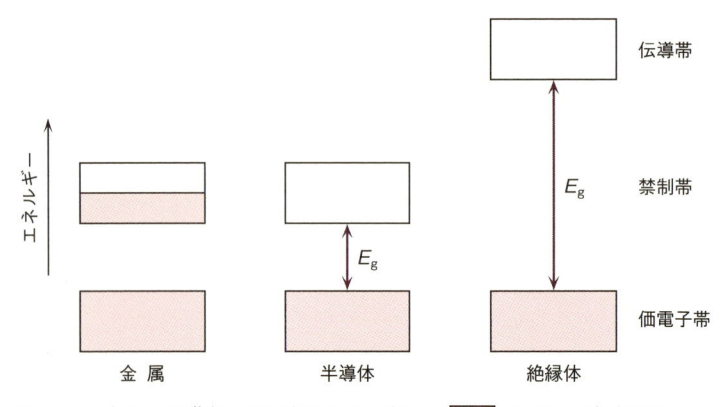

図 9・4　金属，半導体，絶縁体のバンド構造．□ は電子が占有している部分を表す．エネルギーギャップ E_g は，半導体よりも絶縁体の方が大きい．

9・1 太陽電池

表 9・1　代表的な半導体のエネルギーギャップ E_g（室温）

半導体		E_g / eV	半導体		E_g / eV
ケイ素	Si	1.11	テルル化カドミウム	CdTe	1.44
ゲルマニウム	Ge	0.67	硫化カドミウム	CdS	2.42
ヒ化ガリウム	GaAs	1.43	酸化チタン(IV)	TiO_2	3.0

1 eV ≈ 96.485 kJ mol^{-1}

するため，電子は容易に空の軌道に移ることができる．一方，絶縁体では，価電子帯と伝導帯の間に大きなエネルギーギャップが存在するため，電子はほとんど空の軌道に移ることができない．

　これに対して，半導体は，バンド構造は絶縁体と同じであるものの，エネルギーギャップ E_g は比較的小さい．表 9・1 に代表的な半導体の E_g の値を示した．これらの値は，たとえば，絶縁体であるダイヤモンドの値 5.3 eV よりもかなり小さい．半導体では，図 9・4 に示したバンド構造では電気は流れないが，温度が上がると，価電子帯の電子の一部が熱エネルギーを得て伝導帯に励起されるため，電気が流れるようになる．このとき，価電子帯から 1 個の電子が伝導帯に移動すると，価電子帯は 1 個の電子が抜けた状態となり，これは +1 の正電荷をもつ粒子のようにふるまう．この状態は**正孔**とよばれ，電子と同様に電気伝導性に寄与する（図 9・5）．このように，半導体は，熱エネルギーによって生じた伝導帯の電子と価電子帯の正孔によって，電気伝導性を示す．

　また，表 9・1 の半導体のエネルギーギャップ E_g を電磁波のエネルギーに換算すると，紫外線から可視光領域，さらに赤外線領域になることがわかる．このことは，半導体の価電子帯から伝導帯へ電子を励起させるためのエネルギーが，ちょうど太陽から放出される電磁波のエネルギーに対応していることを意味している．太陽電池とは，半導体が太陽光を吸収することによって生じた伝導帯の電子と価電子帯の正孔を，電気エネルギーとして外部に取出したものにほかならない．

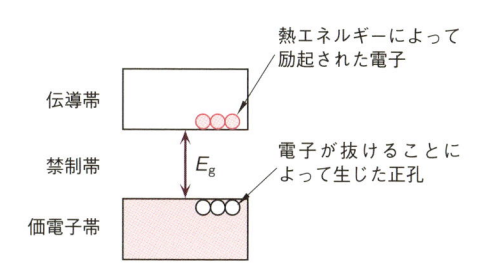

図 9・5　半導体における電気伝導性．熱エネルギーによって価電子帯から伝導帯に電子が励起され，電気伝導を担う電子と正孔が生じる．

■ 半導体を用いた太陽電池のしくみ

　半導体が光を吸収することによって生じた伝導帯の電子と価電子帯の正孔は，すぐに再結合によって消滅してしまう．これらを外部に取出すためには，再結合過程を防ぐしくみが必要である．§8・1で述べた緑色植物の光合成では，光誘起電子移動によって生じた電子が，整然と配列した分子間をすみやかに伝達されることによって正電荷との電荷再結合過程が抑制されていた．太陽電池ではどのようなしくみがはたらいているのだろうか．これを理解するためには，半導体についてもう少し知識が必要となる．

❶ 不純物半導体　半導体には，前項で述べた小さいエネルギーギャップをもつ物質のほかに，純粋な物質に少量の不純物を添加することによって作製される**不純物半導体**とよばれる種類がある．たとえば，ケイ素 Si に微量のリン P，あるいはホウ素 B を添加すると，電気伝導性が著しく向上する．これは，不純物を添加することにより，電気伝導を担う電子，あるいは正孔の数が増大することによるものである．そのしくみを考えてみよう．
　リン P は 15 族元素であり，その電子配置はつぎの通りである．

$$\text{P:}\quad 1s^2 2s^2 2p^6 3s^2 3p^3$$

微量のリン P がケイ素 Si の結晶に取込まれると，P 原子は Si 原子と置換し，周囲の 4 個の Si 原子と共有結合を形成する．しかし，P は 5 個の価電子をもつので，1 個の電子が過剰になり，この電子が電気伝導に寄与することになる．一方，13 族元素であるホウ素の電子配置は，

$$\text{B:}\quad 1s^2 2s^2 2p^1$$

であり，価電子の数は 3 個である．したがって，B が Si の結晶に取込まれると，4 個の Si と共有結合を形成する際に，電子が 1 個不足する．この状態は +1 の電荷をもつ粒子，すなわち正孔としてふるまい，結晶内を動き回って電気伝導に寄与する．
　図 9・6 に P，あるいは B を添加した Si 結晶構造の模式図と，それぞれのバンド構造を示した．バンド理論では，不純物の添加により禁制帯に新たなエネルギー準位が形成されたと考える．P を添加した場合は，過剰の電子によって占有された**ドナー準位**が形成され，伝導帯への電子の励起が容易になるため，電気伝導性が向上する．このように負電荷をもつ過剰の電子が電気伝導に寄与する半導体を，"負" の英字 negative の頭文字をとって，**n 型半導体**という．一方，B を添加した

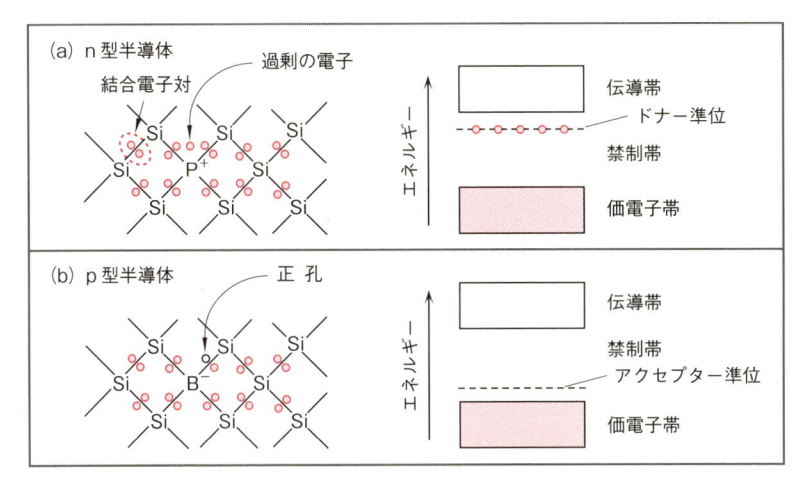

(a) n型半導体　結合電子対　過剰の電子

(b) p型半導体　正孔

図 9・6 不純物半導体の結晶構造の模式図とバンド構造

場合は，電子を受容できる**アクセプター準位**が形成される．アクセプター準位は，価電子帯の電子を容易に受容できるため，価電子帯に正孔が生じやすくなり電気伝導性が向上する．このように正電荷をもつ正孔が電気伝導に寄与する半導体を，"正"の英字 positive の頭文字をとって，**p 型半導体**という．

❷ **pn 接合**　太陽電池に用いられる半導体は，p 型半導体と n 型半導体を貼り合わせた構造をもっている．p 型半導体と n 型半導体を接触させることを **pn 接合**という．pn 接合が起こると，その接合面では，n 型半導体の過剰な電子と p 型半導体の正孔が再結合し，同時に消滅する．こうして，接合面付近には電子も正孔も少ない領域が形成される（空乏層という）．さらに，空乏層の n 型半導体側で

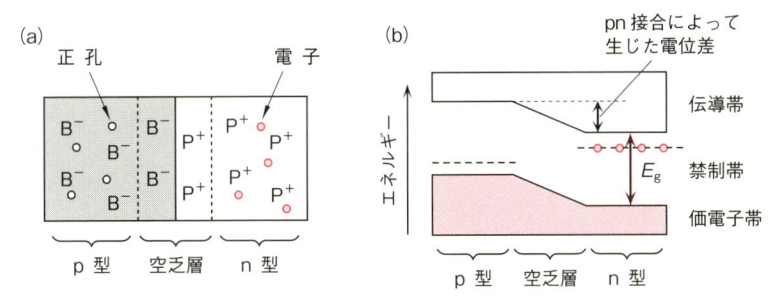

図 9・7 pn 接合．(a) 接合面付近で電子と正孔の再結合が起こり，n 型半導体側に正電荷，p 型半導体側に負電荷が生じる．(b) pn 接合させた半導体のバンド構造．

は，過剰な電子が消滅したため正電荷が生じ，一方，p型半導体側には負電荷が生じる（図9・7(a)）．すなわち，pn接合によって，半導体内部にp型半導体側が負，n型半導体側が正となる電位差が生じる．図9・7(b)には，pn接合を起こした半導体のバンド構造を示した．p型半導体側の価電子帯，伝導帯のエネルギー準位が，内部に生じた電位差の分だけn型半導体側よりも高くなっている．言い換えれば，pn接合により，p型半導体側は電子供与性が高まり，n型半導体側は電子受容性が高められたことになる．なお，pn接合させた半導体は一方向のみに電流を流す性質（整流作用という）をもち，ダイオードやトランジスターなどの電子素子に利用されている．

❸ **光起電力の発生**　先に述べたように，半導体に光を吸収させると，価電子帯の電子が伝導帯へと励起され，電子と正孔がそれぞれ伝導帯と価電子帯に生じる．pn接合させた半導体の接合面付近で生じた電子と正孔は，半導体内部に生じている電位差に従って，電子はn型半導体側へ，正孔はp型半導体側へと移動する（図9・8(a)）．こうして，光によって生じた電子と正孔は再結合することなく，別々の電極に到達するため，電極間に電位差が生じる．電極間を回路でつなげると，電子の流れ，すなわち電流を外部に取出すことができ，電気的な仕事をさせることができる（図9・8(b)）．

　以上が，半導体を用いた太陽電池のしくみである．シリコン太陽電池では，n型，p型ともケイ素に不純物を添加した半導体が用いられる．CIGS系太陽電池では，銅Cu，インジウムIn，ガリウムGa，セレンSeの化合物がp型半導体となり，酸化亜鉛(Ⅱ) ZnOの電極がn型半導体の役割を担っている．また，CdTe太陽電池は，p型半導体のCdTeとn型半導体のCdSから構成される．

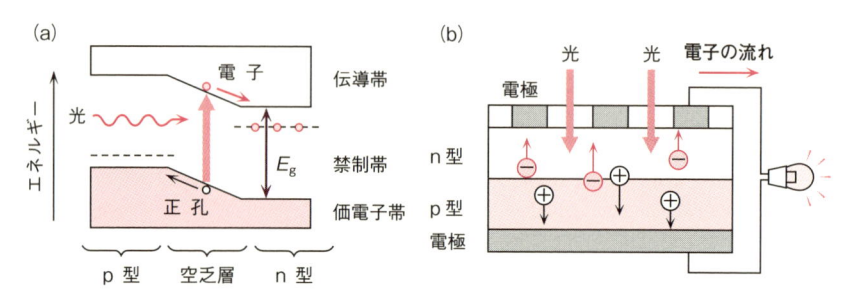

図9・8　半導体を用いた太陽電池の原理．(a) 太陽電池のバンド構造と光起電力の発生．(b) 太陽電池の作動の模式図．

太陽電池の評価

 太陽電池は,太陽光エネルギーを電気エネルギーに変換する装置である.したがって,太陽電池の性能は**エネルギー変換効率**,すなわち"入射した太陽光エネルギーに対して,どの程度の電気エネルギーを取出すことができるか"によって評価される.変換効率は何によって決まるのだろうか.変換効率100％の太陽電池はできるのだろうか.

 §7・2で述べたように,太陽からは,おもに紫外線から赤外線に至る幅広い波長領域の光が放出されている.地球表面で観測される太陽光のエネルギー(図7・5参照)を,すべての波長領域にわたって足し合わせたものが,単位面積あたり単位時間に入射される太陽光エネルギーとなる.これを I_0 としよう.

 一方,図9・8(b)のように作動している太陽電池から単位時間に取出されるエネルギーは,外部回路に流れる電流(単位:A アンペア,$1A = 1 C s^{-1}$)と,電極間の電圧(電位差,単位:V ボルト,$1V = 1 J C^{-1}$)の積で表される.

 一般に,太陽電池から得られる電流と電圧の関係は,図9・9に示すような曲線(**電流-電圧特性**という)を描く.この曲線上において,電流と電圧の積が最大となる点を**最適動作点**といい,この点における電流と電圧の積が,この太陽電池の最大出力,すなわち単位時間に取出される最大のエネルギー E_{max} となる.太陽電池が光を受ける面積を S とすると,この太陽電池のエネルギー変換効率 η は (9・1)式で与えられる.

$$\eta = \frac{E_{max}}{S \cdot I_0} \qquad (9 \cdot 1)$$

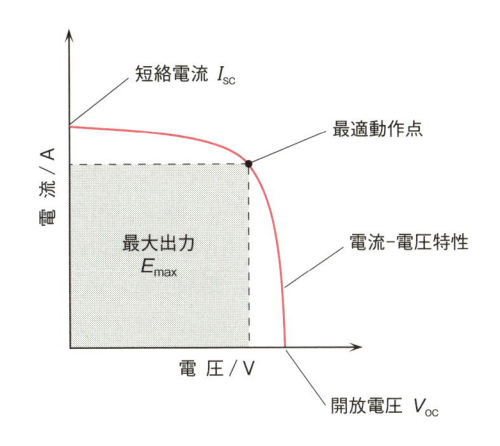

図 9・9 太陽電池の電流-電圧特性

図9・9において I_{sc} は，二つの電極間に負荷（抵抗）を入れずに連結させた際に流れる電流であり，**短絡電流**とよばれる．また，V_{oc} を**開放電圧**といい，電池に外部回路を接続しない場合に発生する電圧である．一般に，E_{max} は $I_{sc} \times V_{oc}$ の 70〜80 %であり，I_{sc} と V_{oc} が大きいほど E_{max} も大きくなる．I_{sc} と V_{oc} はつぎのような要因に支配される．

❶ **短絡電流 I_{sc}**　　I_{sc} は，太陽電池によって単位時間に吸収される光子の数と，太陽電池が光を受ける面積 S に比例する．太陽電池が吸収できる光の波長領域は，太陽電池を構成する半導体のエネルギーギャップ E_g によって決まり，E_g より大きなエネルギーをもつ光がその半導体によって吸収される．たとえば，ケイ素 Si では $E_g = 1.11$ eV であるから，Si が吸収できる光の最長波長 λ_{max} は次式で求められる．

$$\lambda_{max} = \frac{hc}{E_g} \approx \frac{(6.626 \times 10^{-34}\,\mathrm{J\,s}) \times (2.998 \times 10^8\,\mathrm{m\,s^{-1}})}{1.11\,\mathrm{eV} \times (1.602 \times 10^{-19}\,\mathrm{J\,(eV)^{-1}})} = 1120\,\mathrm{nm}$$

ここで，h と c はそれぞれ，プランク定数と真空中の光速である．なお，1 eV は電子 1 個（電気量：$\sim 1.602 \times 10^{-19}$ C）を 1 V の電圧で加速したときのエネルギーであるから，$1\,\mathrm{eV} \approx 1.602 \times 10^{-19}\,\mathrm{J}$ となる．図 9・10 には太陽光のエネルギー分布と，代表的な半導体について E_g から計算される λ_{max} の位置を示した．このように E_g が小さいほど，吸収できる光の波長領域が広くなり，この結果，同じ受光面積 S をもつ太陽電池の I_{sc} も大きくなる．

❷ **開放電圧 V_{oc}**　　V_{oc} は，光によって生じた n 型半導体側の電子と p 型半導体側の正孔によってもたらされる電荷分離状態のエネルギーである．図 9・8 (a) から推察されるように，V_{oc} は E_g が大きいほど大きくなる．V_{oc} は，$E_g = 1.11$ eV の Si では 0.7 V，$E_g = 1.43$ eV の GaAs では 1.0 V 程度となる．

以上のように，太陽電池のエネルギー変換効率 η は，基本的に，その太陽電池を構成する半導体のエネルギーギャップ E_g によって決まり，E_g は I_{sc} と V_{oc} に対して逆の効果を与える．また，図 9・10 の挿入図に示すように，E_g より小さいエネルギーをもつ光は半導体に吸収されないため，この光はエネルギー変換には利用できない．一方，E_g より大きなエネルギーをもつ光は半導体に吸収されるが，励起された電子はすみやかに伝導帯の最低エネルギーの位置に落ち込むため，過剰のエネルギーは損失分となる．これらのことから，単一の半導体を用いる限り，太陽電池のエネルギー変換効率は決して 100 %にならないことがわかる．理論的には，変換効

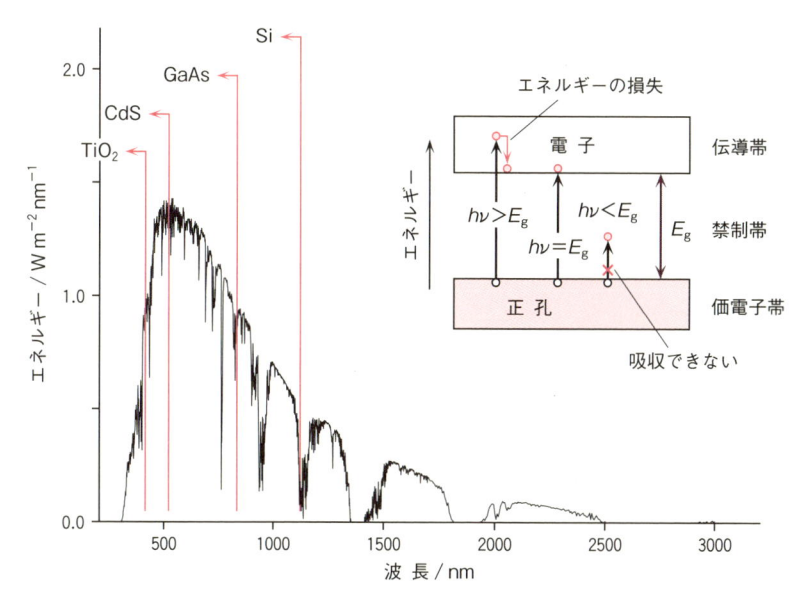

図 9・10 地表における太陽光のエネルギー分布と代表的な半導体の最長吸収波長 λ_{max}. 挿入図は,吸収した光のエネルギー $h\nu$ と半導体のエネルギーギャップ E_g との関係を示す.

率 η は E_g が 1.4 eV 付近で最大となり,その値は 30 % 程度とされている.

これまでに作製された単一の半導体からなる太陽電池で報告された最も高いエネルギー変換効率は,単結晶シリコン太陽電池,および GaAs 系太陽電池の 25 % である.電卓や時計などに使用されている製造コストの安いアモルファスシリコン太陽電池では,半導体内部での電子と正孔の再結合による損失などのため,エネルギー変換効率は 8~10 % 程度にとどまっている.

■ 色素増感太陽電池

§9・3 で述べるように,1968 年に,半導体の一種である酸化チタン(Ⅳ) TiO_2 が光触媒としての性質を示すことが発見された.これは,光を吸収した TiO_2 の伝導帯に生じた電子と,価電子帯に生じた正孔がある程度の寿命をもち,TiO_2 と接する物質との間で電子のやりとりができることを意味している.TiO_2 がもつこの性質を太陽電池に利用する研究が開始されたが,TiO_2 はエネルギーギャップが大きく,可視光領域にほとんど吸収をもたない(表 9・1,図 9・10 参照).

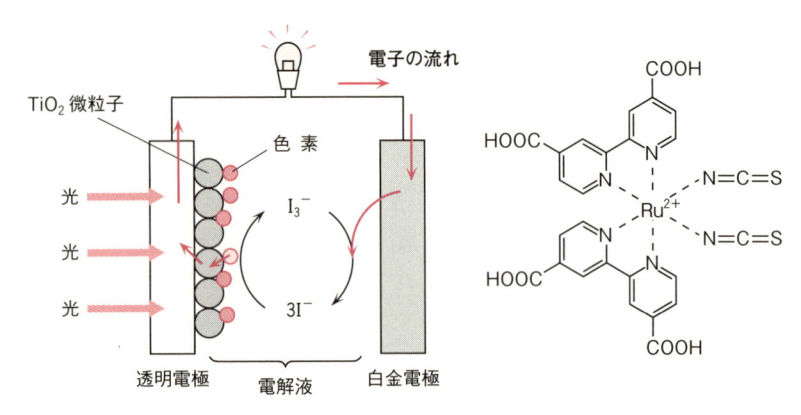

図 9・11 色素増感太陽電池の模式図. ○ は光を吸収した色素を表し，→ は電子の流れを表す．右図は色素増感太陽電池に用いられる色素の例．色素のカルボキシ基 −COOH の部分が TiO_2 表面と反応し，TiO_2 に吸着される．

これに対して，1991 年，スイスの化学者グレッツェル（M. Grätzel, 1944～ ）は，TiO_2 微粒子に可視光領域に吸収をもつ色素分子を吸着させると，エネルギー変換効率の高い太陽電池ができることを見いだした．その模式図を図 9・11 に示す．この太陽電池では，光を吸収するのは半導体ではなく，半導体に吸着された色素である点で，これまでの太陽電池と作動の原理が異なっている．このような色素の増感作用（§5・3 参照）を利用した太陽電池を，**色素増感太陽電池**という．

色素分子が光を吸収すると，色素分子の最高被占軌道（HOMO）にあった電子が最低空軌道（LUMO）に励起される．励起された電子は TiO_2 の伝導帯に移動し，電子を失った色素のラジカルカチオンとの電荷分離状態が形成される．

$$（色素）-TiO_2 \xrightarrow{光} （色素）^{*}-TiO_2 \xrightarrow{電子} （色素）^{+\bullet}-TiO_2（伝導帯電子）$$

色素のラジカルカチオンに対して，電解液中のヨウ化物イオン I^- から電子が供給され，色素は再生される．一方，TiO_2 の伝導帯に入った電子は外部回路を通って白金電極側に移動し，電解液中のヨウ素 I_2（過剰の I^- と反応して I_3^- として存在している）を I^- に還元する．すなわち，電解液中の I_3^-/I^- は，次式の可逆的な酸化還元過程により，白金電極と色素の間の電子伝達を担っているのである．

$$I_3^- + 2e^- \rightleftharpoons 3I^-$$

このように，色素増感太陽電池では，色素分子に吸収された光エネルギーが電荷分離状態のエネルギーに形態を変え，電気エネルギーに変換されている．現在における色素増感太陽電池のエネルギー変換効率は，最もよいものでも11％程度である．しかし色素増感太陽電池は，シリコン太陽電池と比べて，製造にかかるコストが圧倒的に低いことが魅力であり，広い波長範囲の太陽光を吸収できる色素の開発，あるいは耐久性の向上などを目的とする研究が活発に行われている．

■ 有機薄膜太陽電池

§6・2において，多数の二重結合が共役した有機分子はHOMOが上昇しLUMOが低下するため，長波長領域に吸収を示すとともに，電子を供与，あるいは受容しやすくなることを述べた．**有機薄膜太陽電池**は，このような有機分子の性質を利用して，光エネルギーを電気エネルギーに変換する装置である．

図9・12に有機薄膜太陽電池の模式図を示した．有機薄膜太陽電池では，電子供与性の高い有機分子からなる層（ドナー層という）と，電子受容性の高い分子からなる層（アクセプター層という）を接触させる．たとえば，ドナー層の分子が光を吸収すると，アクセプター層との接触面において光誘起電子移動が起こり，ドナー層に正電荷が，またアクセプター層に電子が生じる．これらが電荷再結合によって消滅しないうちに，それぞれの層を形成する分子間を移動させて，別々の電極から取出す．

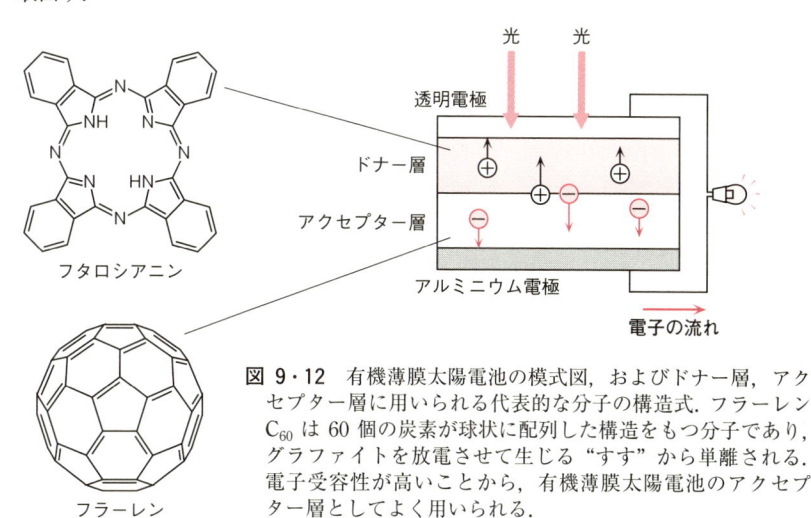

図 9・12 有機薄膜太陽電池の模式図，およびドナー層，アクセプター層に用いられる代表的な分子の構造式．フラーレンC_{60}は60個の炭素が球状に配列した構造をもつ分子であり，グラファイトを放電させて生じる"すす"から単離される．電子受容性が高いことから，有機薄膜太陽電池のアクセプター層としてよく用いられる．

有機薄膜太陽電池は，§5・3 で述べた分子間の光誘起電子移動を利用した，光-電気エネルギー変換装置であるが（図5・13 参照），ドナー層を p 型，アクセプター層を n 型とする有機半導体を用いた太陽電池とみることもできる．色素増感太陽電池よりもさらに製造にかかるコストが低いとされており，また柔軟で薄い太陽電池が製造できることから，活発な開発研究が進んでいる．エネルギー変換効率が課題であったが，近年では 10％を超えるものも報告されている．

9・2 発光ダイオード

身近な照明器具である蛍光灯や白熱電球は，電気エネルギーを光エネルギーに変換する装置である．蛍光灯は，電気エネルギーによって大きな運動エネルギーをもつ電子をつくりだし，水銀原子と衝突させることによって励起状態の原子を発生させ，光を得ている．一方，白熱電球の光は高温の物体が発する光であり，電気エネルギーが熱エネルギーを経て光エネルギーに変換されている．これに対して，近年，表示材料や照明器具として急速に普及してきた発光ダイオードは，電気エネルギーを直接，光エネルギーに変換する装置である．本節では，代表的な発光ダイオードについて，そのしくみの概要を述べる．

■ エレクトロルミネセンス

物質に 2 個の電極を取り付け，その間に電圧を加えたときに生じる発光を，**エレクトロルミネセンス**（electroluminescence, EL と略記する），あるいは**電界発光**という．EL を利用した発光素子が，**発光ダイオード**（light emitting diode, LED と略記する）である．おもな LED として，半導体を用いるものと，有機化合物を用いるものがある．後者については，次項で述べる．

半導体を用いた LED のしくみは，前節で述べた太陽電池の逆と考えればよい．その模式図を図 9・13 に示した．p 型半導体と n 型半導体を pn 接合させ，p 型半導体側を電池の正極に，n 型半導体側を負極につなぐ．正極につながれた p 型半導体の価電子帯の電子は正極に引き寄せられるため，価電子帯に正孔が生じる（この過程はしばしば，"p 型半導体に正孔を注入する"と表現される）．一方，負極につながれた n 型半導体の伝導帯には，電子が注入される．p 型半導体内を移動した正孔と n 型半導体の伝導帯を移動した電子は，pn 接合の領域で出会い，再結合が起こる．これは，前節で述べた光によって正孔と伝導帯の電子が生じる過程の逆過程であり（図9・8 参照），発光を伴う．これが LED の発光である．

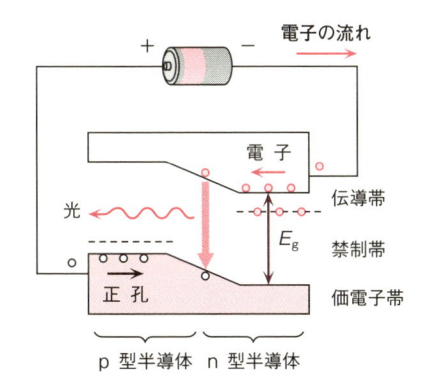

図 9·13 半導体を用いた LED の模式図

発光が起こるかどうかは，半導体の性質として決まっており，一般的な半導体材料であるケイ素 Si やゲルマニウム Ge では発光は起こらない．放出される光の波長も半導体のエネルギーギャップ E_g により決定され，たとえば，ヒ化ガリウム GaAs（E_g=1.43 eV）は赤色の LED, リン化ガリウム GaP（E_g=2.26 eV）は黄色から緑色の LED を作製する材料として用いられる．波長の短い青色の LED には大きな E_g をもつ半導体が必要であり，実用化に耐える材料がなかったが，1993 年に窒化ガリウム GaN（E_g=3.4 eV）を用いる LED が発明された．これによって，光の三原色（§6·1 参照）に対応する LED がそろい，LED の表示材料や照明への利用が飛躍的に増大した．

■ 有 機 EL

有機エレクトロルミネセンス（**有機 EL** と略記する）とは，発光体が有機化合物である EL 現象をいうが，それを用いた発光ダイオードや表示材料も有機 EL とよばれることが多い．

有機 EL では，電気エネルギーを用いて，発光体となる蛍光性有機分子の最高被占軌道（HOMO）から電子を奪い取り，最低空軌道（LUMO）に電子を押し込むことにより，発光体分子の励起状態をつくり出す．有機 EL 現象は，蛍光性有機分子の結晶に高電圧を加えると発光が観測されたことから発見されたが，研究の過程で，電極と発光体分子との間に電子移動を担う分子を介した方が発光の効率が向上することが判明した．図9·14 に，有機 EL における発光のしくみを模式的に示す．発光体分子には，電池の負極から電子輸送層の分子を経て電子が運ばれる．また，発光体分子から，正孔輸送層の分子を経て電池の正極へと電子が移動し（この過程もしばし

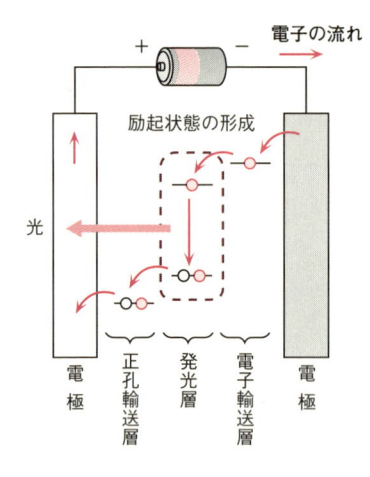

図 9・14 有機ELの発光のしくみ. ● は電子, ○ は電子が除去されて生じた正孔を表し, → は電子の流れを表している. 電子輸送層, 発光層, 正孔輸送層の横線は, それぞれを構成する分子のエネルギー準位を定性的に示している.

ば，"発光層に正孔を注入する"と表現される），励起状態の発光体分子が生成する．

図9・15には有機ELを用いたLEDの模式図を示した．発光体となる蛍光性有機分子，電子輸送を担う分子，および正孔輸送を担う分子はそれぞれ，数十nmから数百nmの薄膜を形成しており，それらが積層した構造になっている．電子と正孔はそれぞれ，隣接した分子間を移動し，最終的に一つの発光体分子に到達する．

有機ELは半導体を用いたLEDと比較して，さまざまな色調が可能，透明性が高い，形状に制約がないなどの利点があり，次世代の表示材料や照明として期待されている．

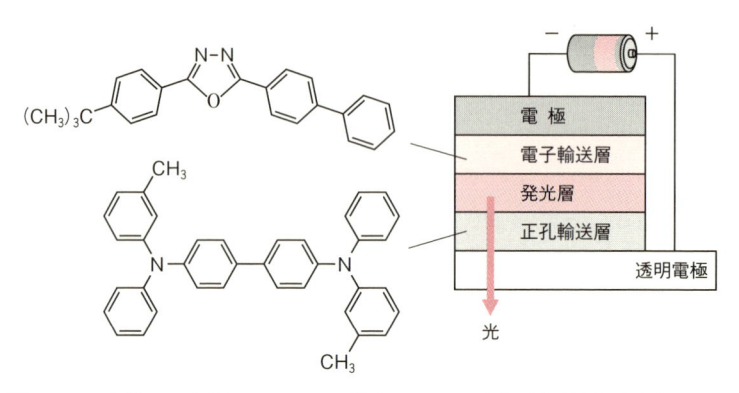

図 9・15 有機 EL を用いた LED の模式図, および電子輸送層と正孔輸送層に用いられる代表的な物質の構造式. 実際には, 電子輸送層と発光層を一つの層にした二層構造や, 複数の正孔輸送層を用いるなどさまざまな様式がある.

9・3 光触媒

触媒とは,それ自身は変化せずに,化学反応の速度を増大させる物質をいう.光を吸収することによって,触媒作用を示す物質が**光触媒**である.§5・3において,光を吸収した分子が基底状態の分子の光化学過程を誘発することを"増感"とよんだが,光触媒とは,言い換えれば,化学反応を誘発し,それ自身は再生される増感剤である.たとえば,緑色植物の光合成において光の吸収を担うポルフィリンも光触媒といえる.しかし,光化学の分野で光触媒というと,酸化チタン(Ⅳ)をはじめとする酸化物半導体のことをさす場合が多い.本書でも,光触媒をそのような限定的な意味に用い,本節でその触媒作用のしくみと利用について概説する.

■ 本多-藤嶋効果

後述するように,現在では,光触媒は環境浄化などに広く利用されているが,そのきっかけは,わが国における酸化チタン(Ⅳ) TiO_2 の光触媒作用の発見にあった.

1968年,金属酸化物の光に対する応答を研究していた本多健一(1925〜2011)と藤嶋 昭(1942〜)は,TiO_2 を一方の電極とし,白金 Pt をもう一方の電極として図9・16のような回路をつくり,TiO_2 に紫外線を照射すると,電流が流れ,それぞ

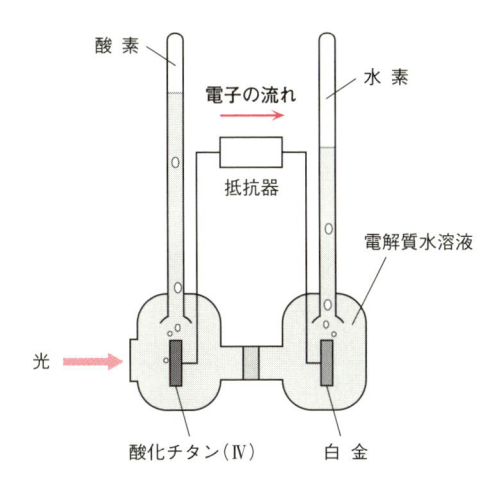

図 9・16 本多-藤嶋効果による水の光分解の模式図.電解質は,水の電気伝導性を高めるために添加される物質であり,電子の授受には関与しない.塩化カリウム KCl や硫酸ナトリウム Na_2SO_4 などが用いられる.

れの電極から気体が発生することを発見した．分析の結果，TiO₂ 電極から発生したのは酸素 O₂ であり，Pt 電極からは水素 H₂ が発生していた．この結果は 1972 年に国際的な雑誌に報告され，広く注目を集めることとなった．この現象は，現在では，**本多-藤嶋効果**とよばれている．

水を電気分解すると酸素と水素が得られることはよく知られているが，この現象は，光エネルギーを用いて水を酸素と水素に分解したことになる．すなわち，(9・2)式で表される正の標準反応ギブズエネルギー $\Delta_r G°$ をもつ反応が，光によって駆動されているのである．

$$2H_2O \xrightarrow{\text{光}} 2H_2 + O_2 \qquad \Delta_r G° = 474.3 \text{ kJ mol}^{-1} \qquad (9\cdot2)$$

さらにこの反応では，TiO₂ は全く変化せず，まさに光触媒としてはたらいている．§8・1 において，緑色植物の光合成は，光によって $\Delta_r G° > 0$ の反応を駆動させるシステムであると述べたが，その点では本多-藤嶋効果も同じである．しかも，光合成のきわめて複雑な過程に比べれば，本多-藤嶋効果の反応系はあまりに単純である．いったいこの反応はどのようなしくみで進行するのだろうか．

■ 光触媒によるエネルギー変換

§9・1 でも触れたように，酸化チタン(Ⅳ) TiO₂ は酸化物半導体に分類される物質である．TiO₂ が半導体としての性質をもつのは，結晶中において酸素原子が部分的に失われていることによる（酸素欠損という．図 9・17）．酸素欠損があると Ti 原子上に結合に関与しない電子が生じ，これが電気伝導性に寄与する．すなわち，TiO₂ は，不純物を添加しなくとも，図 9・6 に示した n 型半導体としての性質を示すことになる．

TiO₂ による本多-藤嶋効果のしくみを模式的に図 9・18 に示した．光の吸収から酸素と水素の発生までの過程をたどってみよう．

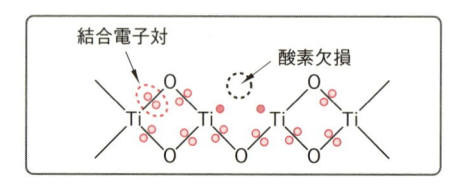

図 9・17 TiO₂ 結晶構造の模式図．● は結合に関与しない電子であり，この電子が電気伝導性に寄与する．

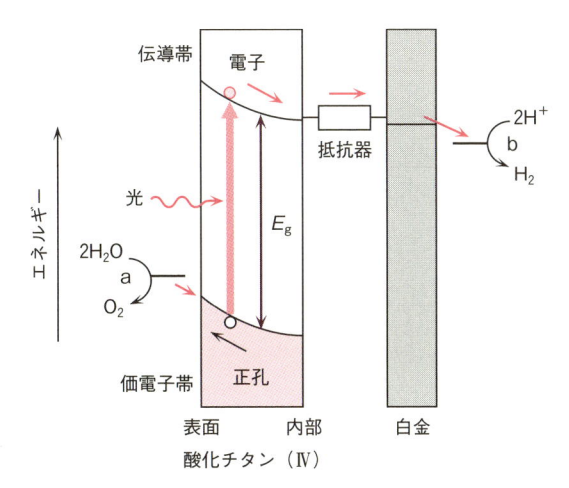

図9・18 本多-藤嶋効果が起こるしくみ．──→ は電子が流れる経路を表す．aとbはそれぞれ，水の酸化，および還元反応が起こるエネルギー準位を定性的に表している．E_g は TiO_2 のエネルギーギャップを示す．

❶ **TiO_2 による光の吸収**　§9・1で述べたように，半導体が吸収できる光の波長はエネルギーギャップ E_g で決まる．TiO_2 の E_g は約 3.0 eV であるから，TiO_2 が吸収できる光の最長波長は 410 nm と計算される．TiO_2 が光を吸収すると，伝導帯に電子が生じ，価電子帯には正孔が生じる．

❷ **TiO_2 表面における電荷分離**　半導体と電解質溶液との接触面は，§9・1で述べたpn接合の接合面と類似した状況にある．すなわち，n型半導体である TiO_2 側の電子が，溶液側の正電荷と部分的に再結合して失われ，空乏層が形成される．これによって，TiO_2 側が正，TiO_2 に接触している溶液側に負の電荷が生じ，TiO_2 のバンド構造は図9・18に描いたような形状となる．光によって電子と正孔が生じると，図9・8(a)に示した太陽電池の場合と同様に，電子は表面から遠ざかるように半導体内部へ移動し，一方，正孔は半導体表面へと移動する．これによって，電子と正孔の電荷分離が達成される．

❸ **TiO_2 表面における水の酸化**　TiO_2 表面に移動した正孔は，水から電子を奪うことによって消失する．この過程は TiO_2 が触媒となって進行し，水は酸素に酸化される．この過程は，光合成の酸化末端における反応と同じであり，(9・3)式で表される．

$$O_2 + 4H^+ + 4e^- \rightleftharpoons 2H_2O \qquad E^\circ = +1.23 \text{ V} \qquad (9・3)$$

$E°$ は**標準電極電位**とよばれ，この酸化還元反応の起こりやすさの目安となる値である．$E°$ は，"酸化還元反応に関与する物質が標準状態（気体では圧力 10^5 Pa, 溶液では溶質の濃度 1 mol L^{-1}）にある場合に，注目する酸化還元反応と基準となる酸化還元反応との間に生じる電位差（単位：V ボルト）"と定義される．基準となる酸化還元反応には，(9・4)式で表される水中のプロトン H$^+$ が水素 H$_2$ に還元される反応が用いられる．

$$2H^+ + 2e^- \rightleftharpoons H_2 \quad E° = 0.00 \text{ V} \quad (9・4)$$

(9・3)式で示される水の酸素への酸化反応を進行させるためには，+1.23 V より大きな標準電極電位をもつ酸化剤が必要である．TiO$_2$ の光照射によって生じた正孔は，この反応を進めるだけの十分な酸化力をもっている．

❹ **白金 Pt 表面における水の還元** TiO$_2$ の伝導帯に生じた電子は，外部回路を通って Pt 電極に移動し，水を還元することによって消失する．この過程は，Pt が触媒となって進行し，水中のプロトン H$^+$ が (9・4)式に従って水素に還元される．H$^+$ を水素に還元するには 0.00 V より負の標準電極電位をもつ還元剤が必要であるが，TiO$_2$ の光照射によって生じた伝導帯の電子は，この反応を進めるだけの十分な還元力をもっている．

以上が，本多-藤嶋効果のしくみである．先に述べたように，この過程は緑色植物の光合成と同様，正の標準反応ギブズエネルギーをもつ反応（(9・2)式）を光によって駆動する，すなわち光エネルギーを化学エネルギーに変換する反応である．光合成と比較すると，TiO$_2$ が光を吸収する色素と酸化末端における触媒の二つの役割を果たしており，Pt が還元末端の触媒になっている．また，電荷分離状態は，TiO$_2$ の表面がもつ電気的な性質によって自然に形成される．このように半導体は，光-化学エネルギー変換を可能にする材料として，きわめてすぐれた性質をもっていることがわかる．

本多-藤嶋効果が発見されてから，半導体を用いる光-化学エネルギー変換システムの構築に関する研究が開始され，現在も活発に行われている．特に，TiO$_2$ は可視光領域にほとんど吸収をもたないため，長波長領域に吸収をもつ光触媒の探索が競って行われた．現在では，420 nm 付近に吸収をもつ酸化タングステン(VI) WO$_3$ や酸窒化タンタル(V) TaON などを用いることにより，水の可視光分解が達成されている．

環境浄化への利用

TiO$_2$の光触媒作用は,上記のようなエネルギー変換だけでなく,さまざまな方面への応用が研究された.なかでも,環境にある有害物質を分解して環境浄化に利用しようとする試みがなされ,成功を収めた.近年では,光触媒タイル,光触媒繊維,光触媒アートフラワー,光触媒コーティングなど,"光触媒"を付したさまざまな製品や技術が開発されている.TiO$_2$の環境浄化への応用について,代表的な例を表9・2にまとめた.これらの応用は,TiO$_2$の光触媒作用によるつぎの二つの性質に基づいており,太陽光や蛍光灯に含まれる紫外線で十分な効果が発揮される.

❶ **表面における活性化学種の生成**　前項で述べたように,TiO$_2$に光を照射すると価電子帯の正孔と,伝導帯の電子が生じる.特に,光を吸収したTiO$_2$の特徴は正孔の強い酸化力にあり,表面に付着した水を酸化してつぎのような反応をひき起こす.

$$H_2O \xrightarrow{-e^-,-H^+} HO\cdot \quad (ヒドロキシルラジカル)$$

ヒドロキシルラジカル HO・ は**活性酸素**の一種であり,きわめて反応性の高い化学種である.こうして生成した HO・ が,環境にある有害物質と反応してそれらを分解・除去したり,微生物を攻撃して死滅させると考えられている.しかし,詳細な機構はわかっておらず,TiO$_2$表面の正孔が直接,有害物質との反応に関与しているという説もある.

❷ **超親水性の発現**　光を吸収したTiO$_2$表面は,親水性がきわめて高くなる.このため,水をたらしても球状にならず,表面に広がって薄い膜を形成する(図9・19).この効果により,たとえばビルの外壁や窓ガラスにTiO$_2$をコーティングしておくと,雨水によって表面が洗浄され,汚れがつきにくくなる(セルフクリーニ

表 9・2　酸化チタン(Ⅳ)の環境浄化への応用

分　類	原　理	応用例
空気浄化	窒素酸化物(NO$_x$)の分解,タバコの煙・ホルムアルデヒド・アンモニアなどの分解	道路舗装,空気清浄機,アートフラワー
水質浄化	有機塩素化合物や農薬の分解	浄水器,農業廃水処理
抗菌・殺菌	微生物やウイルスの分解	抗菌タイル,手術室内壁
汚染防止	セルフクリーニング作用,油状物の分解	外装建材,鏡,照明器具のカバー

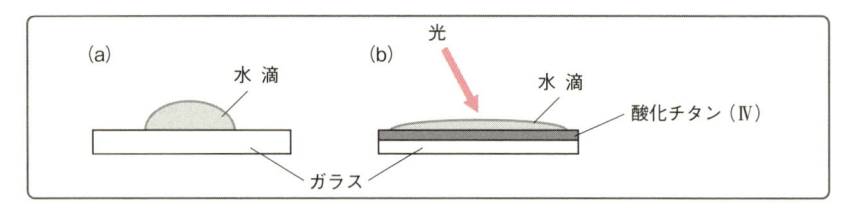

図 9・19 酸化チタン(Ⅳ) TiO_2 のセルフクリーニング作用の原理. (a) 水分子の間には強い引力的な相互作用がはたらいており，それは水滴の表面積を小さくするように作用する（**表面張力**という）. (b) 光を吸収した TiO_2 は親水性がきわめて高くなるため，水滴は TiO_2 表面に広がる. これにより，表面に付着した汚れは自然に流れ落ちる.

ング作用という）. 光による超親水性の発現は，光によって生じた正孔と TiO_2 表面の酸素原子との反応によるものとされているが, 詳細な機構は明らかではない.

9・4 レーザー

私たちの身のまわりには，レーザープリンター，レーザーディスク，レーザーポインター，レーザービームなど，"レーザー"のついた製品や現象がいくつかある. 私たちがもつレーザーの印象は，"まっすぐ進む強い光"といったところであろうか. しかし，レーザーの発明は，20世紀後半における最大のできごとといわれるほど，科学・技術のさまざまな分野の発展に寄与したのである. 本節では，レーザーの原理と特徴について，その概要を述べる.

■ 自然放出と誘導放出

実は，レーザーから放出される光は，これまでに述べてきた発光とは異なった機構によるものである. §5・1では，励起状態にある原子・分子が基底状態に失活する過程の一つとして，光を放出する場合があることを述べた. また，§9・2では，電気エネルギーによって伝導帯に注入された電子によるエレクトロルミネセンスについて解説した. これらの発光は，高いエネルギー準位にある電子が，自発的に低いエネルギー準位に遷移する際に放出される光である. このような光の放出を**自然放出**という（図9・20 (a)）. これに対して，二つの電子状態のエネルギー差に相当するエネルギーをもった光が照射された場合，高いエネルギー準位にある電子の低いエネルギー準位への遷移が促進されることがある（図9・20 (b)）. この場合の発光は，照射された光によって誘発されたものであり，このような光の放出を**誘導放出**という. 誘導放出が起こることは，光量子説を提唱したアインシュタインによって

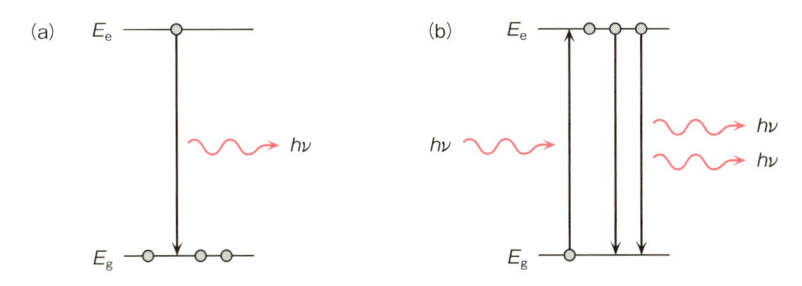

図 9・20 光の放出の機構．(a) 自然放出，(b) 誘導放出．E_g と E_e は，物質の電子状態のエネルギー準位を表す（$E_g < E_e$）．また，それぞれの線上の ○ は，そのエネルギー準位にある原子・分子の存在分布を模式的に表している．反転分布の状態にある物質に，E_g と E_e のエネルギー差に相当する光 $h\nu$ を照射すると，誘導放出が観測される．

1917 年に理論的に提唱され，1940 年代後半になって実証された．

通常の温度では，ほとんどすべての原子・分子は基底状態にあるため，誘導放出を観測することはできない．しかし，図 9・20 (b) のように，エネルギー E_e の励起状態にある原子・分子の数がエネルギー E_g の基底状態よりも多くなった状態（**反転分布**という）では，E_e と E_g のエネルギー差に相当する光の照射によって，誘導放出が観測される．このとき放出される光は，入射した光と同じ波長，同じ**位相**をもっている．"同じ位相の光"とは，光を波としてみたとき，進行する二つの波が山の位置や谷の位置など，波形が完全に一致しているこという．

以上のように，反転分布の状態にある物質に光を照射すると，入射光 $h\nu$ がきっかけになって，励起状態にある原子・分子は一斉に基底状態に遷移し，その際に入射光と同じ光 $h\nu$ が誘導放出される．これは，入射光が誘導放出によって増幅されたことを意味しており，これによって波長，および位相のそろった強い光が得られる．これがレーザーの基本的な原理である．この現象は，"**誘導放出による光増幅** (light amplification by stimulated emission of radiation)" とよぶべき現象であり，レーザー (laser) という名称もその頭文字をとって名づけられた．

■ レーザーのしくみ

実用化されているレーザーにはさまざまなしくみのものがある．レーザーは基本的には，誘導放出によって光を増幅させる**共振器**，誘導放出を起こさせる物質（**媒質**という），および媒質にエネルギーを供給する装置から構成される．図 9・21 に代表的なレーザーのしくみを模式的に示した．実際のレーザーでは，図 9・20 のよう

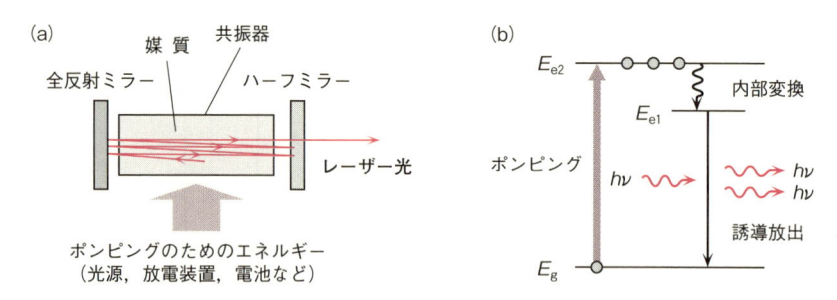

図 9・21 レーザーのしくみ. (a) 装置の概略図. 誘導放出された光は，共振器の両端に設置された鏡によって反射し，再び媒質に入射することによってさらに増幅される. (b) 誘導放出の三準位モデル. E_{e2} からすみやかな内部変換によって生じる励起状態 E_{e1} は寿命が長いので，反転分布を形成しやすい.

な二つのエネルギー準位間の遷移ではなく，複数の準位がかかわる誘導放出が利用される場合が多い（図9・21(b)）.

誘導放出を観測するには，反転分布の状態をつくり出す必要がある．そのためには，媒質にエネルギーを投入して，基底状態にある原子・分子をより高いエネルギーの状態に励起しなければならない（この操作を**ポンピング**という）．しかも，励起状態は自然放出によってどんどん失活するから，ポンピングの速度は，励起状態が失活する速度よりも速くする必要がある．ポンピングには，光，放電，電気エネルギーなどさまざまな方法が用いられる．

反転分布の状態となった媒質からは誘導放出が起こるが，媒質による吸収や散乱のため十分な強度が得られない．このため，放出された光を鏡によって反射させ，再び媒質に戻す（図9・21(a)）．すると，その光が入射光となって誘導放出が起こり，光はさらに増幅される．こうして，共振器内を往復することによって誘導放出が繰返され，光の強度はさらに増大する．共振器をはさむ鏡の一つを部分的に光を透過するハーフミラーにしておけば，十分な強度に増幅された光を外部に取出すことができる．これがレーザー光である．

■ レーザーの種類

レーザーの媒質には，励起状態の寿命が長く，発光の量子収率が高い物質が用いられる．さまざまな物質が媒質として用いられており，それによってレーザーはいくつかに分類される．光化学の実験や身近な技術に利用される代表的なレーザーを以下に示す．

❶ **固体レーザー**　媒質が固体のレーザーをいう．代表的なものにルビーレーザーと YAG レーザーがある．ルビーはサファイア Al_2O_3 の結晶にクロム（Ⅲ）イオン Cr^{3+} が取込まれたものであり，ルビーレーザーは Cr^{3+} の発光の誘導放出を用いている．694.3 nm の赤色光が放出される．YAG（ヤグと略称する）はイットリウムとアルミニウムを含む酸化物 $Y_3Al_5O_{12}$ である．YAG レーザーは，その中に取込まれたネオジム（Ⅲ）イオン Nd^{3+} が放出する光を利用している．

❷ **気体レーザー**　媒質が気体のレーザーであり，おもに放電によって励起状態を形成させる．さまざまな気体が用いられるが，特に，キセノン Xe と塩素 Cl_2 の混合気体を用いたレーザーは波長 308 nm の光が放出されることから，芳香族化合物の光化学実験によく利用される．二酸化炭素 CO_2 を用いる炭酸ガスレーザーは赤外線領域（10.6 μm）のレーザーとして用いられる．

❸ **半導体レーザー**　半導体を媒質とするレーザーであり，§9・2 に述べた発光ダイオード（LED，図 9・13 参照）に共振器をつけてレーザーとしたものである．**レーザーダイオード**とよばれることもある．他のレーザーに比べて小型で消費電力が少ないため，レーザーポインター，光ディスクやバーコードの読み取り，あるいは光ファイバーを用いた通信機器の光源などに利用されている．

■ レーザー光の特徴

レーザーから放出される光は，自然放出による光と比べてつぎのような特徴をもっている．

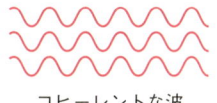

❶ **光の位相がそろっている**　前述したように，誘導放出では入射光と同じ位相の光が放出される．位相がそろっている光を，**コヒーレントな光**という．§2・1 において，光は，波の重要な性質である干渉を起こすことを述べた（図 2・2 参照）．コヒーレントな光は，干渉を起こしやすい光である．たとえば，図 2・2 において，普通のランプから放出されるコヒーレントでない光では，二つのスリット S_1 と S_2 の間隔をその光の波長よりも長くすると，スクリーンにはっきりした明暗の模様（干渉縞という）が現れなくなる．しかし，レーザー光を用いた場合には S_1 と S_2 の距離をいくら大きくしても，明確な干渉縞が現れる．

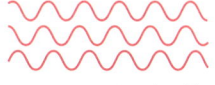

この特徴によってレーザー光は，長い距離を広がらずに伝わることができ，またレンズを用いて小さい点に収束させることが可能になる．レーザー光がレー

ザーポインターや光通信,あるいは光ディスクの読み取りに用いられるのは,レーザー光がもつこの特徴によるものである.

❷ **波長幅が狭い**　図9・20 に示すように,物質から放出される光は,その物質がもつ二つの電子状態のエネルギー差に相当するエネルギー $h\nu$ をもった光子である.したがって,物質から放出される光の波長 λ は,特定の値 $\lambda = \dfrac{c}{\nu}$ (c は光速)をとるはずであるが,実際にはある程度の幅をもっている (図9・22).ある光源から放出される光の波長幅は,光の強度が最大強度の 50% となる波長幅 $\Delta\lambda$ で評価される.たとえば,一般に用いられている発光ダイオード (LED) から放出される青色や赤色の光はそれぞれ 20 nm 程度の波長幅をもっているが,レーザー光の波長幅は 1 nm 以下である.放出される光の波長幅の狭さに対して,**単色性**という言葉が用いられる.レーザー光は,きわめて単色性が高い光である.

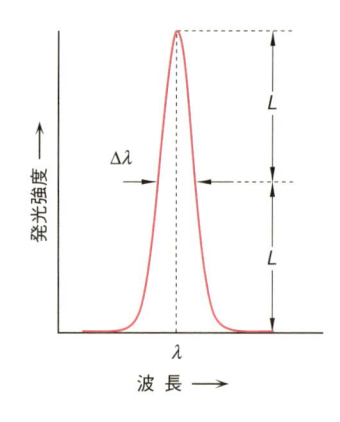

図 9・22　光源から放出される単一波長 λ をもつ光のスペクトル.実際には,ある程度の波長の広がりをもっている.波長の広がりは,波長幅 $\Delta\lambda$ で評価される.

❸ **時間幅が短い光が得られる**　レーザーは,一定の強度の光を連続して放出できるとともに,**パルス光**とよばれる時間幅の短い光を繰返し放出することができる.§7・1 で述べたように,レーザーを光化学反応の光源として用いることにより,他の光源ではできない光化学反応を観測できる可能性があり,また,光化学反応の中間に介在する短寿命化学種を検出することが可能となる.最先端の研究では,fs (フェムト秒,$1\,\mathrm{fs} = 10^{-15}\,\mathrm{s}$) の時間幅をもつパルス光を用いて光化学反応の初期過程が調べられており,さらに as (アト秒,$1\,\mathrm{as} = 10^{-18}\,\mathrm{s}$) のパルス光を放出するレーザーの開発も進んでいる.

索　引

あ～う

アインシュタイン（A. Einstein）
　　　　　　　　　　2, 23, 164
アインシュタイン（E）　30
アインシュタイン-シュタルク
　　　　　　の法則　106
アクセプター準位　149
アクセプター層　155
アゾ化合物　100
アゾ系色素　100
α,α′-アゾビスイソブチロニト
　　　　　　　　リル　116
アゾベンゼン　119
アデノシン 5′-一リン酸　141
アデノシン 5′-二リン酸　125
アデノシン 5′-三リン酸　125
アト秒　168
アボガドロ定数　30
アリザリン　100
アルカン　113
アルケン　117
　　──のシス-トランス異性化
　　　　　　　　反応　117
アントラセン　96
　　──の吸収スペクトルと蛍光
　　　　　　スペクトル　71
EL（エレクトロルミネセンス）
　　　　　　　　　　　　156
イオン結晶　21
イオンチャネル　135
e_g 軌道　98
異性化反応　116
　　レチナールの──　133
位　相　165

一重項状態　55
色　85
　　──の三原色　90, 91
　　錯体の──　96
　　分子の構造と──　92
インジゴ　100

ウッドワード（R. B. Woodward）
　　　　　　　　　　　　105
ウッドワード-ホフマン則　105

え，お

AIBN（α,α′-アゾビスイソブチ
　　　　　　ロニトリル）　116
AMP（アデノシン 5′-一リン酸）
　　　　　　　　　　　　141
s 軌道　41
エチレン　48, 66, 67, 92, 117
X 線　18, 29, 32
エッチング　9
ADP（アデノシン 5′-二リン酸）
　　　　　　　　　　　　125
ATP（アデノシン 5′-三リン酸）
　　　　　　　　　　125, 141
　　──の生成　129
ATP 合成酵素　129
NADPH（ニコチンアミドアデ
　　　ニンジヌクレオチドリン酸）
　　　　　　　　　　　　125
n 型半導体　148
n 軌道　50
n-σ* 遷移　54
n-π* 遷移　54, 60
エネルギー　4
エネルギーギャップ　146
　　半導体の──　147

エネルギー準位　35
エネルギーバンド　146
エネルギー変換
　　光触媒による──　160
エネルギー変換効率　151
f 軌道　41
LED（発光ダイオード）　156
エレクトロクロミズム　102
エレクトロルミネセンス　156
塩化コバルト（II）　97

オーキシン　136
オゾン層
　　──の形成と破壊　111
オゾンホール　112
オプシン　133
オプティクス　7

か，き

回　折　13
回　転　58
開放電圧　152
化学発光　138
過酸化水素　138, 140
過酸化ベンゾイル　116
可視光　19, 86
活性酸素　163
価電子　48
価電子帯　146
CdTe 太陽電池　144, 150
ガラス　20
カラーフィルター　88
カルビン（M. Calvin）　126
カルビン回路　126
カロテノイド　94
β-カロテン　94, 126

索引

環境浄化　163
還元剤　82
換算質量　57
干渉　13
環状グアノシン 5′-一リン酸
　　　　　134
干渉縞　167
桿体細胞　86
γ 線　18, 32
顔料　99
黄色　90
規格化定数　46
幾何光学　7
キセノンランプ　109
輝線スペクトル　33
気体レーザー　167
基底状態　42, 51
機能性色素　101
吸光係数　60
吸光度　60
吸収極大波長　60
吸収光量　62
吸収スペクトル　57, 59, 70
境界面表示　41
共振器　165
共役　93
共役ポリエン　93, 105
共有結合　21, 45
禁制帯　146
金属　21, 146

く～こ

空軌道　54
空乏層　149
屈光性　135
屈折　12, 15
屈折率　16
クリプトクロム　136
グルコース　123
グレッツェル (M. Grätzel)　154
グロットゥス (C. J. D. T. von Grotthuss)　105
グロットゥス-ドレーパーの法則　105
クロミズム　102

クロロフィル　126
クロロフィル a　88, 89
クロロフルオロカーボン　112

蛍光　66, 69
蛍光寿命　74
蛍光スペクトル　71
蛍光灯　156
蛍光分光光度計　71
ケイ素　145
結合解離エネルギー　31
結合開裂反応　103, 110
結合性軌道　46
結晶場分裂　98
結晶場理論　98
ケミカルライト　142
原子　20
原子価結合法　46
原子軌道　40
原子軌道係数　46

高圧水銀ランプ　109
光化学 → 光（ひかり）化学
光化学スモッグ　11
光学　7
光学フィルター　109
項間交差　66, 68
光合成　3, 123
　　――の化学的意義　123
　　――の全体像　130
光子　23
紅色光合成細菌　128
合成色素　100
酵素　135
光速　14
光電効果　22
光電子　22
光電変換反応系　131
光量子　23
光量子説　23
固体レーザー　167
コヒーレントな光　167
コンドン (E. U. Condon)　66

さ, し

最高被占軌道　54, 92

再生可能エネルギー　5
最低空軌道　54, 92
最適動作点　151
錯体　97
　　――の色　96
サーモクロミズム　102
酸化剤　82
酸化タングステン (Ⅵ)　162
酸化チタン (Ⅳ)　153, 159
　　――の環境浄化への応用　163
　　――のセルフクリーニング作用　164
三重項状態　55
三重項増感反応　78
酸素欠損　160
酸窒化タンタル (Ⅴ)　162
CIEEL 機構　139
CIGS 系太陽電池　144, 150
シアン　90
CFC（クロロフルオロカーボン）　112
1, 2-ジオキセタンジオン　138
紫外可視吸収スペクトル　59
紫外可視分光光度計　61
紫外線　13, 18
視覚　133
色素　99
色素増感太陽電池　144, 154
磁気量子数　41
σ 軌道　49
σ-σ* 遷移　54
シクロブタジエン　104
シクロヘキサノンオキシム　9
仕事　4
仕事関数　23
視細胞　86
cGMP（環状グアノシン 5′-一リン酸）　134
指示薬　101
シス-トランス異性化反応
　　アルケンの――　117
自然放出　164
失活　64
シトクロム複合体　129
磁場　17
ジベレリン　136
重合　115
重合体　115

索　引

シュウ酸　138, 140
シュウ酸ジエステル　138
集積回路　10
自由電子　21
シュタルク(J. Stark)　106
シュテルン(O. Stern)　84
シュテルン-フォルマーの式
　　　　　　　　　　84
寿　命　73
主量子数　40
ジュール　4
シュレーディンガー(E.
　　　　　Schrödinger)　39
シュレーディンガー方程式　39
消　光　78, 82
消光剤　78, 82
シリコン太陽電池　143
真空の透磁率　18
真空の誘電率　18, 36
人工光合成　131
辰　砂　100
ジーンズ(J. H. Jeans)　24
振　動　57
振動構造　58, 72
振動数　14
振　幅　14

す〜そ

水銀ランプ　109
水素原子
　——のスペクトル　34
水素放電管　33
錐体細胞　86
スチルベン　117
スピロピラン　121
スピロピラン型構造　121
スピン-軌道相互作用　69
スペクトル　13

正　孔　147
正孔輸送層　157
成層圏　111
生物発光　137
整流作用　150
赤外線　13, 18, 31
石油換算トン　6

絶縁体　146
節　面　42
セ　ル　59
遷移金属　97
遷移元素　97
閃光光分解　74
染　料　99
増　感　78
増感剤　78
走光性　133
走　性　133
速度定数　73

た　行

太陽光
　——のスペクトル　111
太陽光エネルギー　5
太陽光発電　143
太陽定数　6
太陽電池　3, 143
　——のエネルギー変換効率
　　　　　　　　　　152
　——の評価　151
　半導体を用いた——　150
対流圏　111
多原子分子
　——の分子軌道　47
炭化水素　11
炭酸固定反応　126
単色性　168
短絡電流　152
単量体　115

力の定数　57
チタン(III)イオン　99
窒化ガリウム　157
調光材料　119
超親水性　163

低圧水銀ランプ　109
DMPA(α,α-ジメトキシ-α-
　　フェニルアセトフェノン)
　　　　　　　　　　116
d 軌道　41, 97
定常波　37

d-d 遷移　98
t_{2g} 軌道　98
デイビソン(C. J. Davisson)
　　　　　　　　　　38
テトラセン　96
電界発光　156
電荷再結合　81
電荷分離状態　80, 127
電気抵抗　145
電気伝導性　144
電気伝導率　144
電　子　20
　——の波動性　37
電子移動　80
電子吸収スペクトル　59
電子供与性　79
　——分子　79
電子受容性　79
　——分子　79
電子スピン　43, 55
電子線　38
電子遷移　35, 51
電子対　45
電磁波　17
　——のエネルギー　31
　——の種類　18
　——の速さ　18
電子配置　43
電子ボルト　29
電磁誘導　17
電子輸送層　157
伝導帯　146
天然色素　100
電　場　17
電　波　18
デンプン　123
電流-電圧特性　151

動径分布関数　39
銅フタロシアニン　96, 97
ドナー準位　148
ドナー層　155
ド・ブロイ(L. V. de Broglie)
　　　　　　　　　　37
トムソン(G. P. Thomson)　38
トムソン(J. J. Thomson)　20
トランスデューシン　134
ドレーパー(J. W. Dreper)
　　　　　　　　　　105

索引

な 行

内部変換　65
ナイロン6　9
ナフタレン　76, 96
　──とベンゾフェノンとの相
　　　互作用　77
波　14
ニコチンアミドアデニンジヌク
　　　レオチドリン酸　125
ニュートン（N）　4
ニュートン（I. Newton）　13
熱　線　32
熱反応　103

は, ひ

配位子　97
π軌道　49
π*軌道　53
ハイトラー（W. H. Heitler）　45
π-π*遷移　54, 60
パウリ（W. E. Pauli）　43
パウリの排他原理　43
パーキン（W. H. Perkin）　100
白色光　13, 87
白熱電球　156
ハーシェル（F. W. Herschel）
　　　13
パスカル　109
波　長　14
白　金　159
発　光　65
　ホタルの──　137
発光スペクトル　70
発光ダイオード　109, 156
波動関数　39
波動光学　7
波動性　28
　電子の──　37
　光の──　19, 25
ハーフミラー　15, 166

パルス光　107, 168
ハロゲン化　113
半経験的分子軌道　47
反結合性軌道　47
半減期　74
反転分布　165
半導体　10, 144, 146
　──のエネルギーギャップ
　　　　147
　──を用いた太陽電池　150
半導体レーザー　167
バンドギャップ　146
バンド構造　146
　不純物半導体の──　149
バンド理論　146
P680　129
P700　130
pn接合　149
ヒ化ガリウム　157
p型半導体　149
光
　──のエネルギー　28
　──の定義　18
光応答
　植物の──　135
　動物の──　133
光化学　8
光化学系Ⅰ　126
光化学系Ⅱ　126
光化学第一法則　105
光化学第二法則　105
光化学当量の法則　106
光化学反応　66, 103
　──の速度　108
光起電力　150
光機能性材料　119
光工学　2
光重合開始剤　115
光触媒　159
　──によるエネルギー変換
　　　　160
光通信　3
光定常状態　118
光の三原色　87, 88
光発芽　135
光ファイバー　3, 26
光誘起電子移動　79, 82, 127
光リン酸化反応　125

p軌道　41
非共有電子対　50
非局在化　93
非結合性軌道　50
被占軌道　54
ヒドロキシルラジカル　163
ヒドロキノン　129
ビニル化合物　114
BPO（過酸化ベンゾイル）　116
標準電極電位　162
標準反応ギブズエネルギー
　　　　124
表面張力　164

ふ～ほ

フィゾー（A. H. L. Fizeau）　15
フィトクロム　136
フィトクロモビリン　136
フェオフィチン　127
フェノールフタレイン　101
フェムト秒　67, 168
フェレドキシン-NADP$^+$還元
　　　酵素　130
フォトクロミズム　102, 118
フォトケミストリー　8
フォトトロピン　136
フォトニクス　2
フォトレジスト　9
フォルマー（M. Volmer）　84
藤嶋昭　159
不純物半導体　148
　──のバンド構造　149
不対電子　114
ブタジエン　92
フタロシアニン　155
物質量　30
プラストキノン　129
プラストシアニン　130
ブラッドリー（J. Bradley）　15
フラーレン　155
フランク（J. Franck）　66
プランク（M. K. E. L. Plank）
　　　　24
フランク-コンドン原理　66
フランク-コンドン励起状態
　　　　67

索　引

プランクの式　24
プランク定数　25
プリズム　13
フルオレセイン
　　――の吸収スペクトルと蛍光スペクトル　72
フルギド　121
プロトン濃度勾配　129
フロン　112
分　極　27
分光光度計　61
分　散　13, 16
分　子　21
　　――の構造と色　92
分子軌道　46
　　多原子分子の――　47
分子軌道法　46
分子内 CIEEL 機構　140
フント（F. H. Hund）　43
フントの規則　43

ヘキサシアノ鉄（Ⅲ）酸イオン
　　　　　　　　　　　　142
ヘキサトリエン　92
β-カロテン　94, 126
ヘモグロビン　96, 142
ペリレン　84
ベール（A. Beer）　60
ヘルツ（H. R. Hertz）　18
ヘルツ（Hz）　14
ベールの法則　60
ベンゼン　95
ベンゾフェノン　76
　　――とナフタレンとの相互作用　77
　　――の紫外可視吸収スペクトル　62
ペンタセン　96

ボーア（N. H. D. Bohr）　35
ボーア半径　40
方位量子数　41
ホウ素　148
補色　91
ホスホジエステラーゼ　134
ホタル　137
　　――の発光　137
ホタルルシフェラーゼ　137, 140, 141

ホタルルシフェリン　137, 140
ホフマン（R. Hoffmann）　105
HOMO　54, 92
ポリアセン　96
ポリビニル化合物　114
ポリマー　115
ボルツマン定数　25
ホルムアルデヒド　49
本多健一　159
本多-藤嶋効果　160
ポンピング　166

ま　行

マイクロ波　18, 31
マクスウェル（J. C. Maxwell）
　　　　　　　　　　　　17
マクスウェルの方程式　17
マゼンタ　90
ミリカン（R. A. Millikan）　25
無機化合物系太陽電池　144
無放射遷移　64
メチルオレンジ　101
メチルラジカル　114
メロシアニン型構造　121
モノクロメーター　61
モノマー　115
モーブ　100
モル　30
モル蛍光係数　60
モル吸光係数　63
モントリオール議定書　113

や　行

YAG レーザー　167
ヤブロンスキー（A. Jablonski）　64
ヤブロンスキー図　64
ヤング（T. Young）　13
ヤングの実験　14

有機 EL　157
有機エレクトロルミネセンス　157
有機薄膜太陽電池　144, 155
有機半導体　96
有機分子　97
誘導放出　164
　　――による光増幅　165
遊離基　114
陽　子　20

ら～わ

ラザフォード（E. Rutherford）　34
ラジカル　114
ラジカルアニオン　80
ラジカルイオン　80
ラジカルイオン対　80
ラジカルカチオン　80
ラジカル重合　115
ランベルト（J. H. Lambert）　60
ランベルトの法則　60
ランベルト-ベールの法則　60
リッター（J. W. Ritter）　13
硫酸銅（Ⅱ）　97
粒子性　28
　　光の――　19, 25
リュードベリ（J. R. Rydberg）　37
リュードベリ定数　37
量　子　25
量子化学　44
量子光学　7
量子収率　75
　　蛍光の――　75
　　反応の――　75, 108
量子数　35, 40
量子力学　39
リン　148
リン化ガリウム　157
燐　光　66, 69
燐光寿命　74
燐光スペクトル　71

ルイス（G. N. Lewis） 45
ルシフェラーゼ 137
ルシフェリン 137
ルビーレーザー 167
ルブレン 138
ルミノール 142
LUMO 54, 92

励起一重項状態 56
励起エネルギー移動 77, 127
励起三重項状態 56
励起状態 42, 51
レイリー卿（Lord Rayleigh） 24
レイリー-ジーンズの式 24
レーザー 74, 107, 109, 164
　——のしくみ 165
　——の種類 166
レーザーダイオード 167
レチナール 86
　——の異性化反応 133

レーナルト（P. E. A. Lenard） 22
レンズ 7
レントゲン（W. C. Röntgen） 18

ロドプシン 133
ローランド（F. S. Rowland） 112
ロンドン（F. London） 45

ワット 28

村　田　　滋
1956 年　長野県に生まれる
1981 年　東京大学大学院理学系研究科修士課程 修了
東京大学名誉教授
専攻 有機光化学，有機反応化学
理 学 博 士

第 1 版 第 1 刷 2013 年 3 月 22 日 発行
　　　　第 4 刷 2022 年 6 月 21 日 発行

光 化 学 ── 基礎と応用 ──

Ⓒ 2 0 1 3

著　　者　　村　田　　滋
発 行 者　　住　田　六　連
発　　行　　株式会社 東京化学同人
　　　　　東京都文京区千石 3-36-7（〒112-0011）
　　　　　電話 03-3946-5311・FAX 03-3946-5317
　　　　　URL: http://www.tkd-pbl.com/
印　刷　中央印刷株式会社
製　本　株式会社 松 岳 社

ISBN978-4-8079-0829-5
Printed in Japan
無断転載および複製物（コピー，電子
データなど）の配布，配信を禁じます。

元素の周期表 (2022)

族	1	2		3	4	5	6	7	8	9	10	11	12	13	14	15	16	17	18
	水素													ホウ素	炭素	窒素	酸素	フッ素	ヘリウム
1	1H 1.008																		2He 4.003
	リチウム	ベリリウム												ホウ素	炭素	窒素	酸素	フッ素	ネオン
2	3Li 6.94†	4Be 9.012												5B 10.81	6C 12.01	7N 14.01	8O 16.00	9F 19.00	10Ne 20.18
	ナトリウム	マグネシウム												アルミニウム	ケイ素	リン	硫黄	塩素	アルゴン
3	11Na 22.99	12Mg 24.31												13Al 26.98	14Si 28.09	15P 30.97	16S 32.07	17Cl 35.45	18Ar 39.95
	カリウム	カルシウム		スカンジウム	チタン	バナジウム	クロム	マンガン	鉄	コバルト	ニッケル	銅	亜鉛	ガリウム	ゲルマニウム	ヒ素	セレン	臭素	クリプトン
4	19K 39.10	20Ca 40.08		21Sc 44.96	22Ti 47.87	23V 50.94	24Cr 52.00	25Mn 54.94	26Fe 55.85	27Co 58.93	28Ni 58.69	29Cu 63.55	30Zn 65.38*	31Ga 69.72	32Ge 72.63	33As 74.92	34Se 78.97	35Br 79.90	36Kr 83.80
	ルビジウム	ストロンチウム		イットリウム	ジルコニウム	ニオブ	モリブデン	テクネチウム	ルテニウム	ロジウム	パラジウム	銀	カドミウム	インジウム	スズ	アンチモン	テルル	ヨウ素	キセノン
5	37Rb 85.47	38Sr 87.62		39Y 88.91	40Zr 91.22	41Nb 92.91	42Mo 95.95	43Tc (99)	44Ru 101.1	45Rh 102.9	46Pd 106.4	47Ag 107.9	48Cd 112.4	49In 114.8	50Sn 118.7	51Sb 121.8	52Te 127.6	53I 126.9	54Xe 131.3
	セシウム	バリウム	ランタノイド		ハフニウム	タンタル	タングステン	レニウム	オスミウム	イリジウム	白金	金	水銀	タリウム	鉛	ビスマス	ポロニウム	アスタチン	ラドン
6	55Cs 132.9	56Ba 137.3	57~71		72Hf 178.5	73Ta 180.9	74W 183.8	75Re 186.2	76Os 190.2	77Ir 192.2	78Pt 195.1	79Au 197.0	80Hg 200.6	81Tl 204.4	82Pb 207.2	83Bi 209.0	84Po (210)	85At (210)	86Rn (222)
	フランシウム	ラジウム	アクチノイド		ラザホージウム	ドブニウム	シーボーギウム	ボーリウム	ハッシウム	マイトネリウム	ダームスタチウム	レントゲニウム	コペルニシウム	ニホニウム	フレロビウム	モスコビウム	リバモリウム	テネシン	オガネソン
7	87Fr (223)	88Ra (226)	89~103		104Rf (267)	105Db (268)	106Sg (271)	107Bh (272)	108Hs (277)	109Mt (276)	110Ds (281)	111Rg (280)	112Cn (285)	113Nh (278)	114Fl (289)	115Mc (289)	116Lv (293)	117Ts (293)	118Og (294)

s-ブロック元素　d-ブロック元素　p-ブロック元素

| ランタノイド | ランタン 57La 138.9 | セリウム 58Ce 140.1 | プラセオジム 59Pr 140.9 | ネオジム 60Nd 144.2 | プロメチウム 61Pm (145) | サマリウム 62Sm 150.4 | ユウロピウム 63Eu 152.0 | ガドリニウム 64Gd 157.3 | テルビウム 65Tb 158.9 | ジスプロシウム 66Dy 162.5 | ホルミウム 67Ho 164.9 | エルビウム 68Er 167.3 | ツリウム 69Tm 168.9 | イッテルビウム 70Yb 173.0 | ルテチウム 71Lu 175.0 |
| アクチノイド | アクチニウム 89Ac (227) | トリウム 90Th 232.0 | プロトアクチニウム 91Pa 231.0 | ウラン 92U 238.0 | ネプツニウム 93Np (237) | プルトニウム 94Pu (239) | アメリシウム 95Am (243) | キュリウム 96Cm (247) | バークリウム 97Bk (247) | カリホルニウム 98Cf (252) | アインスタイニウム 99Es (252) | フェルミウム 100Fm (257) | メンデレビウム 101Md (258) | ノーベリウム 102No (259) | ローレンシウム 103Lr (262) |

f-ブロック元素

元素名 — 水素 — 1H — 元素記号
原子番号 — 1.008 — 原子量 (質量数12の炭素(^{12}C)を12とし、これに対する相対値とする)

ここで示した原子量は、実用上の便宜を考えて、国際純正・応用化学連合 (IUPAC) で承認された最新の原子量に基づき、日本化学会原子量専門委員会が独自に作成した表によるものである。本表、同位体存在度の不確定さは、同位体組成が天然に大きくばらつくか、あるいは人為的に起こりうる変動や実験誤差のために、元素ごとに異なる。したがって、本表の原子量の信頼性は、正確度が保証された有効数字の桁数が大きく異なる。本表の原子量を引用する際には、このことに注意することが望ましい。なお、本表の原子量について有効数字の4桁目を省略した場合は有効数字±1以内である。(両面原子量につき脚注参照)。また、安定同位体がなく、天然に特定の同位体組成を示さない元素については、その元素の放射性同位体の質量数の一例を ( ) 内に示す。したがって、その値として扱うことはできない。
*亜鉛の多くの物質中での亜鉛同位体比が大きく変動した物質が存在するために、亜鉛の原子量は大きな変動幅をもつ。したがって本表では例外的に3桁の値が与えられている。なお、天然の多くの物質中でのリチウムの原子量は6.94以下に近い。*亜鉛に関しては原子量の信頼性は有効数字4桁目では例外的に±2である。

[© 2022 日本化学会 原子量専門委員会]